智慧
服務 首部曲
從探索餐旅體驗開始

First Steps into Smart Service:
From the Perspective
of Hospitality Experience

許軒 Hsuan Hsu 著

五南圖書出版公司 印行

目錄

總編審 序

　　近年來自第四次工業革命——工業4.0概念被提倡後，除了工業製造業外，智慧化的議題已經蔓延至商業服務業。畢竟，從上一次工業革命因資通訊科技的發明帶來數位化發展後，著實為服務產業帶來許多新的商業模式，像是線上購物、線上點餐、網路旅行社、社群網路、評論平台等；不只是商業營運模式的轉換、行銷模式的轉變、服務體驗的轉型等，同時也帶來許多新契機，當然也造成許多舊的商業模式逐漸消逝。因此，強調整合數位化的「虛」以及實體環境的「實」的工業4.0，以及近年再度因機器學習、深度學習等燃起的人工智慧浪潮，整合到過往非常強調「實」的服務業來說，如何透過科技的輔助，幫助服務場域中提升服務品質，創造體驗經濟下更具個人化屬性、更完美無縫的體驗品質，便是智慧服務欲達成的目標。

　　《智慧服務首部曲：從探索餐旅體驗開始》一書中，

帶領著非資訊科技背景的讀者，透過淺顯易懂的文字與案例，先從認識智慧開始談起，再進一步將智慧服務發展的根源、智慧服務的內涵，以及比較智慧服務與過往的數位／電子化服務的異同，讓讀者對於智慧服務跨領域專業的議題，有一粗略的認識。接續，聚焦於智慧餐旅以及透過餐旅體驗，再一次把智慧服務如何實際應用，予以展現陳述，幫助讀者能學到、知道、更能用到。最後，透過應用智慧服務章節中的概念與案例間的對話，帶出現有的服務缺口與智慧服務發展上未來的可能性外，同時也點出有志投入創造與設計創新創意新型態智慧服務解決方案的讀者，如何培養自己、強化自己的競爭力。在科技不斷快速進步的現代，依舊能站穩自身的競爭力，讓個人的人類智慧永續戰勝人工智慧。

綜觀本書作者許軒博士之專業培育路徑，他從資訊與電腦科學出發，後來跨域轉換到商管、教育以及美學領域，其實務經驗也涉略觀光餐旅、文創、會展等領域。他自獲取博士學位後，便開始進入跨足資訊科技與教育、智慧科技與服務管理的研究，以及教學與實務領域。顯見許博士本身即是一位跨領域且認真鑽研的學者，因此為他累

積了許多創新創意能量。此次，許博士的新作《智慧服務首部曲：從探索餐旅體驗開始》，將帶領讀者透過他跨領域者的視角，除了傳遞智慧服務的專業知識與應用外，亦從書中帶領讀者邁向創新思維的人生新境界。

洪久賢 謹識

實踐大學民生學院 院長

2021.9.7

作者序

　　隨著工業4.0帶動產業的革新蔓延全球，以及新一波人工智慧的發展突飛猛進，許多新興科技不但再一次為人類帶來提升效率與效能的優勢外，也帶來許多變革與創新的可能性。第四波工業革命帶動智慧城市、智慧工廠、智慧觀光等新的倡議（initiative），這都是轉化新型態產業模式、商業模式的開端。而且，有別於工業3.0數位化所創造的虛擬時代，這次的工業革命整合軟硬體形成虛實整合的新面貌，因此許多傳統以為無法結合數位的形式，都將逐步融入新的智慧化時代。原本特別注重溫度的「服務」，也將因智慧科技與人工智慧的輔助下，帶來更敏捷、彈性、且個人化的智慧服務體驗。

　　《智慧服務首部曲：從探索餐旅體驗開始》一書，主要透過三大章節〈智慧服務是什麼？〉、〈探索餐旅體驗中的智慧服務〉及〈智慧服務的未來〉，帶領讀者了解智慧服務的概念與應用。一開始先釐清工業4.0所延伸的「智慧

ＸＸ」與人工智慧的「智慧」中智慧的異同，以及延伸共同創造出的智慧服務內涵，最後，讓讀者透過比較「智慧化」與「數位化」的異同處，培養辨識真智慧的能力。接續，本書也透過智慧餐旅為範例，幫助讀者以經常能親身經歷的領域，深入理解邁向智慧化時，需考量及涵蓋的範疇與其生態系統。再進一步，就以整趟餐旅體驗旅程為路徑，將現在與未來可發展之智慧服務應用羅列出來，讓讀者更具體了解及應用智慧服務的概念。最後一章節，則是回顧與討論前述內容，以強化智慧服務應用的概念，同時也點出智慧服務現有的缺口以及未來的發展可能性，並且也點出未來讀者該如何強化自身競爭優勢，不讓人工智慧打敗人類智慧的方向。

智慧服務並不新穎，智慧工廠中許多「服務」性質的工作任務都逐漸轉化透過科技輔助以執行。不過，本來就在新科技導入較為緩慢的商業服務業裡頭，的確得開始意識到智慧化的到來（當然前端的數位化、自動化等步驟仍是必不可少、不可省略）。尤其這次新的工業革命不再像是上一代，新商機都產生於網路平台或是虛擬活動。這一次的虛實整合，將會充分融入像是更注重各式感官感受的

體驗經濟，以創造各式強化個人體驗與無縫體驗的智慧服務。如何開始透過各式各樣新的科技與技術去彌補過往的顧客犧牲（customer sacrifice），也將是創新智慧服務開發的發展契機。所以，本書對於提供服務產業業者是必備讀物，因為你們得從現在開始轉變，以因應更加全面智慧化的世界；對於尚在學習階段的學生來說更是必修課程，因為你們得從現在開始培養自己的跨足資訊科技的技術應用能力，以及從人的互動中找尋新的洞見與機會，方得以面對未來動態且高度重視創造力與創新能力的環境。

　　希望各位讀者閱讀完本書後，能帶給您一些創新的靈感，幫您培養起意識到問題、面對問題，並能透過新型態科技來解決問題的能力。畢竟，新的時代到來，也代表許多新機會的產生。希望讀過本書的每一位讀者，都能掌握著新的契機，為自己開創長久的美好且智慧的人生。

　　實踐大學　智慧服務管理英語學士學位學程　助理教授

許軒

2021.9.6

第一篇
智慧服務是什麼？

Knowing yourself is the beginning of all wisdom.

智慧的累積，從自我了解開始。

By Aristotle 亞里斯多德

一、智慧（Intelligence/Smart）

　　探索智慧服務前，我們應先了解「智慧」一詞的意思。畢竟，無論是人工智慧（Artificial Intelligence，AI）或是工業4.0形成的智慧城市（Smart City）中的「智慧」，兩者皆為翻譯用詞（也有人翻譯為人工智能及智能城市）。雖然兩者中文都翻譯為「智慧」，不過其原文分別為Intelligence（名詞）或Smart（形容詞）。進一步探索其字義，Intelligence從「Cambridge Dictionary」與「國家教育研究院雙語詞彙、學術名詞暨辭書資訊網」中的翻譯來看，除了「智慧」一詞外，也有「智力」、「智能」等譯詞；另一方面，Smart從「Cambridge Dictionary」中搜尋獲得的結果，除了常見譯法——「聰明的」之外，形容機器時便會將其翻譯成「智慧的」；於「國家教育研究院雙語詞彙、學術名詞暨辭書資訊網」中，Smart於多數學科領域仍以翻譯為「智慧（的）」為主，而少數領域則將其翻譯為「智能」。其實，搜尋一下Intelligence與Smart兩組單字所代表的圖像時，便能發現其意涵上是有所差異的（如圖1-1）。由此可知，意義有所差異的兩字，當翻譯成中文時產生交疊應用的情況了。

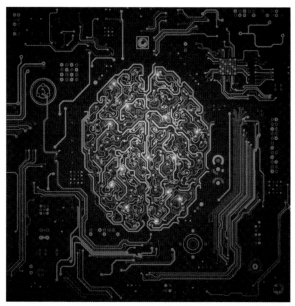

圖1-1 以Intelligence與Smart兩字搜尋其圖片時，前者多半會獲得腦與神經網絡相關的圖片；以後者作為搜尋關鍵字時，除了某品牌產品外，其他便是與智慧科技相關的概念（例如智慧城市）與商品

　　不過，讓我們來看看Intelligence與Smart延伸出的中文字詞，「智慧」、「智力」、「智能」分別又代表什麼意思呢？根據「教育部國語辭典」的釋義，智慧是「聰明才智」；智力是「心理學上指個體來自遺傳，在生活環境中與人、事、物接觸而產生交互作用時，能經由思考、推理、判斷以解決問題的綜合性能力」；而智能則是「智慧與能力」。可見，無論智力與智能，都能從文字上看到內隱的智慧與相對外顯的能力等兩個意象的身影。

　　不過，進一步深究智慧的意義「聰明才智」，其中「才智」係為「才能與智慧」，再進一步挖掘「才能」則會獲得「才智與能力」之含義。因此，由上述討論可知，「智慧」、「智力」、及「智能」三個字詞都有類似的含義於其中，都包含人類透過經驗與資訊知識的累積，以環境脈絡為基礎下，透過理解、思考、判斷、推理直到解決問題等，所需的聰明才智與能力。因此，我們可以得知無論是人工智慧或智慧城市、智慧製造、智慧工廠、智慧觀光等概念，套上智慧兩字後，多半就是希望機器、裝置、流程、機制等，能如同人的智慧一般運作，並且能產出有感且聰明的行動表現以輔助人類，並創造出更進步的社會與新時代。

　　所以，隨著人工智慧的發展與工業4.0的推波助瀾，以及世界各國及產官學各界的關注下，「智慧」一詞已成為近年流行用詞。無論新聞報導媒體、學術論文、商業活動等都能見其身影，而且市面上也充斥著各式各樣以智慧為名（很多真的僅止於「名」）的產品、服務、及解決方案等。不過，智慧就如同「美學」兩字一樣有種強烈的吸引力。畢竟，具有分析、判斷、創造、思考的能力等正面意涵的「智慧」，是人類長久嚮往且畢生不斷追尋的崇高境界。所以，「智慧」一詞會被大量濫用，或許也算「智慧」的原罪吧！

　　不過，不管你遇到的是真智慧或假智慧，人工智慧及工業4.0帶動形成的智慧城市、智慧工廠、智慧服務等各式各樣的創新應用，都已經一點一滴融入我們的生活了。例如，Google、Bing等具有人工智慧應用的搜尋引擎（如圖1-2、1-3）、具有車牌辨識功能的智慧路邊停車系統（如圖1-4）、扮演客服角色的聊天機器人等，都是滲透在日常生活中，應用「智慧」所產生的新型態服務範例。因此，為了解智慧服務是什麼，我們就先從延伸出智慧服務的兩大概念──人工智慧及工業4.0，開始一步步挖掘吧。

圖1-2　Google使用的演算法，讓使用者能更快速地搜尋到自己需要的
資訊與解答

圖1-3　Microsoft Bing的圖片搜尋，讓使用者只要把圖中有興趣的物體框選起來後，Bing就會再進一步找出相似內容的圖片

圖1-4　智慧路邊停車系統與繳費柱（左圖），當駕駛停好車後，繳費柱上的鏡頭（右圖繳費柱上黑色圓形處）便會自動辨識車牌，並且開始計算停放時間。離開前，駕駛直接使用繳費柱完成繳費即可

（一）人工智慧

　　智慧對於人類的發展扮演關鍵的角色，從古至今哲學家、科學家等，不斷透過各式各樣的取逕了解人類的思維模式，以及如何感受、感知、理解等，直到進一步預測及掌控操縱這個世界。人工智慧，顧名思義便是用「人工（artificial）」的方式來模仿人類的「智慧（intelligence）」，相關研究自第二次世界大戰戰後不久便開始，但是正式使用人工智慧一詞則是於1956年的達特茅斯會議上才開始的。人工智慧並不是一件新鮮事，只是經歷數階段的發展後，讓人工智慧技術越來越成熟、越來越有「智慧」。人工智慧的發展就像是一波一波的浪潮，繼上一波20世紀70-80年代的人工智慧浪潮——專家系統（Expert System）沉寂後，近年又再度被關注的幾個重要里程碑包括，1997年IBM開發專門分析西洋棋的超級電腦Deep Blue擊敗俄羅斯西洋棋棋手、前西洋棋世界冠軍加里·基莫維奇·卡斯帕洛夫（арри Кимович Каспаров）；2011年IBM開發的人工智慧程式Watson打敗著名美國機智問答節目《Jeopardy》當時的冠軍選手；Google的AlphaGo先是於

2015年以5:0全勝的記錄，擊敗法國職業二段圍棋棋士、前歐洲圍棋冠軍盃的冠軍樊麾，隔年，再以4:1成績擊敗韓國圍棋九段棋士李世乭，成為第一個不需要讓子而擊敗圍棋職業九段棋士之電腦程式。2017年AlphaGo以3:0成績擊敗中國圍棋職業九段棋手、前世界第一棋士柯潔，賽後中國圍棋協會授予AlphaGo職業圍棋九段的稱號（詳細介紹可以進一步觀賞影片1-3）。

　　另外，在這一波人工智慧浪潮中，許多應用到生活中的技術，像是2012年Google貓咪影像辨識技術、日常生活中常用到的Apple Siri、Amazon Alexa等自然語言生成（Natural Language Generation，NLG）和自然語言處理（Natural Language Processing，NLP）技術（如圖1-5）；又或是Netflix透過機器學習技術，隨著時間根據使用者觀看的電影及戲劇類型，提供符合使用者偏好的影片，Spotify亦運用相似技術推薦符合使用者偏好的音樂清單（如圖1-6）；另外還有根據使用者網路瀏覽習慣，推薦使用者可能感興趣的新聞或廣告。

　　其他還有很多人工智慧相關技術的應用，早已成為我們生活中的好夥伴。

影片 QR Code

影片 1-1　IBM Deep Blue 對戰卡斯帕洛夫

YouTube：Deep Blue vs Kasparov: How a computer beat best chess player in the world - BBC News

https://www.youtube.com/watch?v=KF6sLCeBj0s

影片 QR Code

影片 1-2　IBM Watson 參與美國機智問答節目《Jeopardy》

YouTube：Watson and the Jeopardy! Challenge

https://www.youtube.com/watch?v=P18EdAKuC1U

影片 QR Code

影片 1-3　Google AlphaGo 的紀錄片

YouTube：AlphaGo - The Movie | Full award-winning documentary

https://www.youtube.com/watch?v=WXuK6gekU1Y

　　隨著電腦運算能力、網路、數位化、巨量資料（即大數據）等科技技術的快速發展與茁壯，促成這一波人工智慧新浪潮的成形。除了帶給人類更便利的生活外，人工智慧在部分特定領域甚至還戰勝人類智慧。因此，當代持續發酵中的人工智慧浪潮，再次讓人意識到人工智慧的重要性，同時也感受到其帶來的威脅。

圖1-5　智慧音箱虛擬助理能讀懂你的指令，也能給出你可以了解的反應

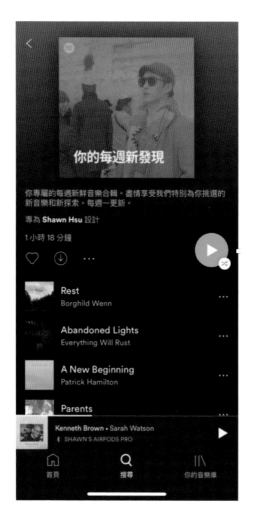

圖 1-6　Spotify 根據你過往聆聽音樂的列表與屬性，每週客製一份專屬你的音樂清單

　　不過進一步思考，上述列舉的人工智慧案例也都僅止於人類的部分功能、部分智慧的展現。因為，一個人無法單靠下棋、答題、辨識貓咪、聽得見聲音、會說話等單一功能，就能成功存活。又或是無法單靠很會念書、很有錢，就能過上幸福無慮的人生吧！畢竟，人類無論在人生、學校、社會、職場等，都需要複合式的智慧與能力。今日大多數人工智慧的應用，多半是透過機器來展示其特定領域的智慧能力，這類人工智慧被稱作為弱AI（Weak AI/ Narrow AI）。因應當代巨量資料的發展，著實能對各特定領域的人工智慧模型訓練發展產生重大效益，大大幫助弱AI快速且大量廣泛的發展，逐漸讓機器慢慢學會各式各樣原本僅有人類能做到的事情。不過，人工智慧科學家更希望發展與達到的終極目標是通用人工智慧（Artificial General Intelligence，AGI），也有人會使用強AI（Strong AI）的用詞。這類型的人工智慧就是以能解決各式各樣不同領域的複雜問題，具備思考、意識、情緒、優缺點、偏好等特徵，能在各類環境中自主地且得以與其他人事物互動，並能執行各式人類任務的機器。由上述內容可知，通用人工智慧便是接近全人的狀態，就彷彿是我們在電影裡

看到具有人工智慧的機器人那般，與真實人類相似。

　　不過，到底人工智慧為何這麼神奇？還是讓我們先了解人工智慧是什麼、以及其涵蓋什麼學問吧！人工智慧係為一種使用機器來模仿和執行與人腦有關的智慧與行為，例如感知、溝通、理解、學習、思考、判斷、推理、證明、識別、規劃、決策、及解決問題等智慧與行動活動等。從 Stuart Russell 與 Peter Norvig 撰寫的人工智慧必讀聖經 *Artificial Intelligence: A Modern Approach* 中，就以思考及行為、人性及理性等兩兩對比概念作為維度，延伸分為人性化思考、人性化行為、理性思考、及理性行為等四面向，再進一步細化探索人工智慧的定義。

　　首先，人性化思考的部分，人工智慧被定義為要能夠自動化地執行，例如決策制定、問題解決等人類會做的思考活動（Bellman, 1978）。當探討人類思考相關概念時，就牽扯到認知科學、學習科學、神經科學等學科內容。透過將這些知識轉化成為電腦程式，得以促使機器達到模仿人性化思考的功能。

　　接續，從人性化行為角度來看。人工智慧被定義為創造機器執行人類運用智慧從事行為的技術（Kurzweil,

1990）。不過，我們要怎麼樣去確認一個機器的確具備像是人一樣的行為呢？艾倫‧圖靈（Alan Turing）為此設計出一圖靈測試，作為辨識的基礎。當人類測試員詢問具有人工智慧的機器一些特定問題後，無法確定是機器的應答內容還是來自人類，該人工智慧就通過測試。其實電腦是可以被人類設計成很口語化且考量情境脈絡去回答題目，以騙過測試員，並通過測試。但是，機器是否真的了解自己回答的內容而非只是透過編碼做出反應的討論，就剛好呼應上述強AI與弱AI的比較觀點。不過回頭來看，機器要能模仿到彷彿是真人的行為，就已是一番大工程了。以下六個人工智慧功能，能讓機器具備有機會通過圖靈測試需要的能力，這些功能同時也是當今人工智慧應用上的主要項目，其中包括：

- 自然語言處理（Natural Language Processing，NLP）：
  機器能使用人類語言成功地與人類溝通（如圖1-7）。

圖1-7　應用NLP於聊天機器人中，強化整個溝通過程更像是與真人溝通一般

- 知識表示（Knowledge Representation）：機器能夠存儲獲知或聽到的事物，並對知識進行表示與陳述。
- 自動推理（Automated Reasoning）：機器能夠使用儲存下來的資訊回答問題並推導出新的結論。
- 機器學習（Machine Learning）：機器能夠學習與適應新的環境，並且對環境資料進行檢測及推斷模式。
- 電腦視覺（Computer Vision）：機器能夠感知物體，並進一步進行辨識、測量等功能（如圖1-8）。

圖1-8　電腦視覺加上機器學習技術促使機器能夠看得見，並能辨認看到什麼

- 機器人技術（Robotics）：機器能夠操作物體並四處
  移動。

再者，人工智慧於理性思考層面的定義係運用（電腦）運算模型，以進行（人類）心理運作能力的研究（Charniak and McDermott, 1985）。理性思考，其實就是牽扯到邏輯思維領域，就像是開創邏輯學的希臘哲學家亞里斯多德的三段論中，最常見的舉例就是：「蘇格拉底是人類，所有人類都會死，所以蘇格拉底會死。」以此邏輯推演，方能推斷出正確的結論。 這也是過往程式設計與運作時的基本核心——邏輯。像是人工智慧三大學派中的符號主義（Symbolicism）學派，就是主張以公式和邏輯建構人工智慧系統；上一波的人工智慧熱潮——專家系統，便是以邏輯透過程式設計建構出程式碼，模擬人類專家回應問題的作法。

最後，理性行為角度，人工智慧被定義為關注機器的智慧行為（Nilsson, 1998）。人工智慧中常常會使用代理人（agent）來代表某種可以行動的物體，例如微軟Power Virtual Agent 就是可以代替人類，以回應其他人透過問題提出需求的智慧聊天機器人。具有理性行為的理性代理人

（rational agent），則是採取行動以達最佳結果或最佳預期結果的代理人。理性代理人透過邏輯推理出特定行動預計達成目標的結論後，再根據該結論採取行動。先前提到的六大功能中，「知識表示」和「推理」便能使代理人做出正確的決策；「自然語言」得以生成讓人理解的詞句，予以將行為表現出來。上述這些便是讓代理人（機器）產生具有理性之行為的功能與能力。

所以，從上述的四個人工智慧定義，剛好呼應本書一開頭進行中文翻譯詞彙討論時，所指出內隱和外顯概念。畢竟，無論是人性化或是理性，多半還是透過他人看不見的思考思維開始，接續再由外在產出的行為促使旁觀者有所意識。其實，這也與我們平時對他人的觀察相似，一個人個性是偏感性還是理性，若沒有特定的態度行為表徵，通常較難被察覺與判斷。

當我們了解人工智慧後，是否也有很多讀者，被近年時常穿插、重複、重疊出現的人工智慧、機器學習、深度學習，搞得暈頭轉向。一下子人工智慧、一下子機器學習、一下子又深度學習。從圖1-9人工智慧、機器學習、深度學習的關係中，可以看出人工智慧是最大的範疇，而

機器學習與深度學習（Deep Learning）則是旗下子範疇。
有別於過往需要人類設計程式幫助機器形成「智慧」的專
家系統，從資料讓機器「自己學習」的形式，形成了機器
學習的方式；進一步身為機器學習的子範疇的深度學習，
也是透過資料進行學習，只是運用到類神經網絡為架構對
資料進行學習的方式。目前，深度學習已於電腦視覺、自
然語言處理等功能上，獲得優異的結果。

圖1-9　人工智慧、機器學習、深度學習的關係

　　當今人工智慧的發展越來越快、領域擴張亦是越來越快，除了歸咎於整體科技技術的快速進步外，資通訊科技滲透到日常生活的現象，也是重大功臣。人類無論是生活起居、工作、旅遊、休閒時，隨時隨地都使用著資通訊科技裝置。因此各式各樣數位資料不斷地由人類或機器產出，進而產生許多足以讓機器可以學習的資料。加上各式各樣演算法發展，人工智慧應用確實越來越普遍。為新的人工智慧技術——機器學習與深度學習，帶來良好發展環境，也促使人工智慧於短時間內有如此多的突破性發展。如同微軟對於人工智慧的定義：人工智慧＝資料（Data）＋科技（Technology）＋運算能力（Computing Power）＋複雜演算法（Complex Algorithms），而且其能了解周遭環境，並對於收到的資訊產生回應，且能學習與解決問題。如此定義呼應當代人工智慧的運作模式，以及人類期許機器代理人具備「智慧」的行為效果。也因此，伴隨著人工智慧的發展以及各式各樣軟硬體科技技術的興起，新一代的工業4.0帶領「智慧」更進一步擴張觸角至各行各業，開創許多新型態的智慧機構、組織、功能等運作模式，並且效益持續熱燒中。

（二）工業革命4.0

　　延伸發展出虛實整合與智慧化思維的工業革命4.0，又再一次帶給人類各式各樣創新發展的機會。讓我們先回顧一下，促進人類進步、創造多次巨大變革的前三次工業革命吧！首先，大約是1760年到1840年左右的第一次工業革命。因為蒸汽機的發明，促使著許多生產所需之動力，從原本的人力、獸力、風力、水力轉移到蒸汽動力，且帶動生產機械化，促使整體經濟型態也從農業社會逐漸轉變為工業社會。接續，19世紀末期至20世紀初的工業2.0，因為電的發明，促使電能成為新的動力來源，帶動整體產業的電氣化。加上，流水線生產模式帶動更具效率、更低成本的大規模生產。

　　20世紀70年代開始的第三次工業革命（又稱為數位化革命），電子裝置、電腦、資訊科技等發明並導入產業，催化整體工作流程達到自動化。而後，再加上通訊技術越來越發達，數位活動亦越來越頻繁，正式將人類世界從實體擴展至虛擬世界。緊接著，2011年由德國倡議的工業4.0，延伸著資通訊科技的應用，加上人工智慧、自主

化機器人、系統整合、感測器、巨量資料分析、積層製造
（Additive Manufacturing）、擴增實境（Augmented Reality，
AR）等科技與技術，結合虛擬與實體，以達到自主性生
產運作的智慧化模式為目標，興起許多智慧製造、智慧工
廠、智慧城市等智慧化產業、組織等應用形式，這便是當
今大家常常聽見「智慧XX」的源頭（參考圖1-10）。

　　每一次的工業革命，都大大改善人類的生活並且滿足
不同的人類需求。例如第二次工業革命促成大量生產的技
術成熟後，傳統以個人化手工訂製作為衣服生產與銷售的
形式，轉化進入工廠形成具有規模經濟的成衣製造模式。
透過大量生產後，再轉往中盤批發商與零售商進行銷售。
但是，當行之多年後，消費者對於購買成衣並與他人穿相
似款式、甚至撞衫的現象漸漸感到無趣與厭倦。因此，講
求生產具有個人化特色，但又需具備低廉價格特質的需求
也就產生。因應如此需求，能夠滿足高彈性、少量多樣的
智慧化生產模式，就是當今工業4.0的智慧製造需滿足目
的，且也是未來製造業的生存必備條件。

圖1-10　工業1.0到工業4.0的進程

　　不過，到底達成工業4.0所需的智慧化，需要的科技與技術有哪些呢？學者Vaidya, Ambad, and Bhosle（2018）指出工業4.0主要有九大科技技術支柱，包括巨量資料分析（Big Data Analytics）、自主機器人（Autonomous Robots）、模擬（Simulation）、系統整合：水平與垂直系統整合（System Integration: Horizontal and Vertical System Integration）、物聯網（Internet of Things，IoT）、網絡安全（Cyber Security）和網宇實體系統（Cyber-Physical System，CPS）、雲（Cloud）、積層製造、擴增實境。另外，分析探討工業4.0相關研究後，彙整出包括雲端系統（Cloud Systems）、機器對機器通訊（Machine to Machine Communication，M2M Communication）、智慧工廠（Smart Factories）、擴增實境與模擬、資料探勘（Data Mining）、物聯網、企業資源規劃（Enterprise Resource Planning，ERP）、商業智慧（Business Intelligence）、虛擬製造（Virtual Manufacturing）、智慧機器人（Intelligent Robotics）等科技與技術。不過，洋洋灑灑這麼多的科技與技術，並非導入其中一項就叫做智慧，而是需要滿足各項科技與系統整合的運作，方才有智慧化的產生。智慧（smartness）係指整

合組織網絡促使系統、技術、功能等，可互相串聯與互相操作。主要係以簡化、自動化日常活動，並在整個生態系統中提升所有利益關係人獲得的價值為目的。

　　根據上述內容可以發現，智慧化仰賴許多新興科技與技術，許多是暫時於一般商業服務業中，尚未導入的項目。不過，我們先來看看總是在產業科技導入與發展上，腳步比較快速的製造業之實證案例，上述形成「智慧化」的科技，哪些是真實已被應用於智慧製造中。實際調查已執行或規劃即將執行的製造業，達到工業4.0的智慧製造時，所需導入之科技技術項目，並根據導入家數較多的（淺藍色）至較少的（深藍色）技術予以分類，相關結果彙整於下圖1-11。各式製造業中，為達成智慧製造目的之科技分為基礎科技與前端科技兩類。基礎科技部分，為達智慧化目的導入包括雲、物聯網、巨量資料（Big Data）、及分析（Analytics）等技術。其中，雲端相關服務是最多企業導入以邁入智慧化目的技術。較為成熟的智慧工廠，通常都會將四種基礎科技一併融入其製造運作流程中。

　　接續，為達到工業4.0智慧製造所採用之前端科技部分，由下而上堆疊包含智慧供應鏈（Smart Supply-

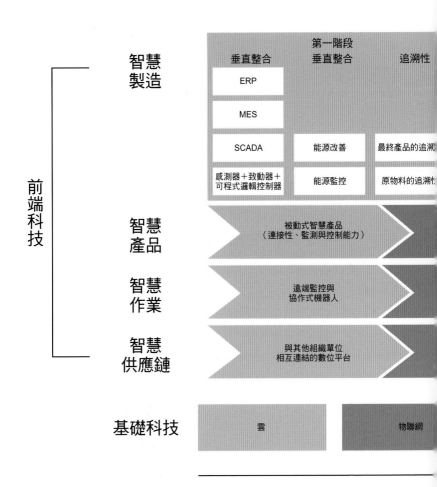

圖1-11　工業4.0科技導入的架構（深淺代表：導入之家數越多顏色越淺、越少越深）

翻譯自Frank et al.（2019）

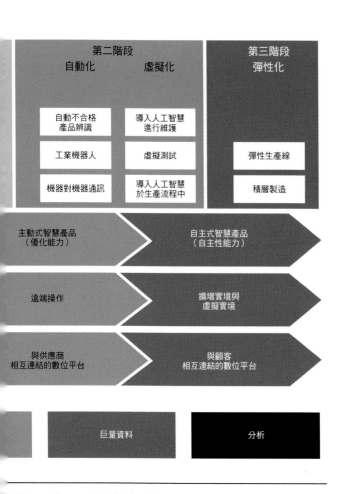

第二階段
自動化　虛擬化

第三階段
彈性化

自動不合格產品辨識	導入人工智慧進行維護	
工業機器人	虛擬測試	彈性生產線
機器對機器通訊	導入人工智慧於生產流程中	積層製造

主動式智慧產品
（優化能力）

自主式智慧產品
（自主性能力）

遠端操作

擴增實境與
虛擬實境

與供應商
相互連結的數位平台

與顧客
相互連結的數位平台

巨量資料　　　分析

實施工業**4.0**科技的複雜程度

Chain）、智慧作業（Smart Working）、智慧產品（Smart Products）、智慧製造（Smart Manufacturing）等區塊層次。首先，在智慧供應鏈部分，可見著工業4.0強調的系統整合中的水平整合。此處的水平整合依技術採用頻率高至低，分別是與其他組織單位、供應商、顧客等之數位平台整合。再者，智慧作業中較常被採用的是遠端監控生產以及協作式機器人，接續為遠端操作，而擴增實境（Augmented Reality）和虛擬實境（Virtual Reality）反倒是較少導入的。再往上一層次是智慧產品，製造業高度採用三項被動式技術導入智慧產品中（包含連接性、監測與控制等能力），其餘較少於智慧產品中導入優化及自主性相關技術。另外，值得一提的是智慧產品與往上一層的智慧製造兩者間，存在連動性關係。因為，工業4.0主要係以顧客為核心，並且透過顧客使用智慧產品的過程中，反饋回來的資料，可提供智慧工廠執行產品優化或設計新產品時，更具顧客導向的決策參考指引。因此，現今許多高度採用智慧製造技術的智慧工廠，通常都會導入相對應技術於其生產之智慧產品中，以獲得更完整或深入的使用者或消費者洞見，以強化其當次或是下一次的產品。（智慧工廠如圖1-12所示）

圖 1-12　智慧工廠

　　最後一層智慧製造中，各項的科技與技術對於企業不斷邁向智慧化成熟過程中扮演著互補的角色。第一階段包括與系統垂直整合相關的技術，像是企業資源規劃（ERP）系統、製造執行系統（Manufacturing Execution System，MES）、資料採集與監控系統（Supervisory Control and Data Acquisition，SCADA），及感測器、致動器與可程式化邏輯控制器（Programmable Logic Controller，PLC），以及與其息息相關等能源效能管理和追溯性等類別之相關的技術。接續，第二階段包含像是機器對機器通訊、工業機器人等自動化科技，以及虛擬檢測及人工智慧維護與生產等虛擬化科技。第三階段是彈性化的技術，包括彈性生產線及積層製造等科技技術（如圖1-13）。

圖 1-13　M2M 機器對機器通訊

　　從上述真實產業實行工業4.0的科技分布，以及前面提到智慧化要採用的多元科技，並進一步又要達到整體系統、裝置整合等繁複的作法可知，欲達到滿足工業4.0智慧化之情況並非一蹴可幾，需要按部就班，逐步邁進。因此，像是香港生產力促進局及德國Fraunhofer IPT研究所合作制訂的「工業4.0成熟度（Industry 4.0 Maturity Level）」模型，展示發展進程各階段需考量的各項因素。不過，開始邁入工業4.0成熟度的第一步前，有項非常重要的基礎工程，就是商業營運流程與管理的數位化及滿足各組織系統間資料彼此流通的連接性。完成後，接續開始踏入工業4.0智慧化成熟旅途，其中共分成四個階段，程度越高越成熟、越具備智慧化的能力：

- 第一階段：可視化，指的是企業營運過程做過的事情、發生過的事情，都可透過數位資料的方式記錄下來，並能快速地被調閱與檢視。

- 第二階段：透明化，管理者可透過分析、詮釋以強化資料解釋性，並獲得背後洞見，進而協助管理者制定決策。

- 第三階段：預測能力，企業得以運用資料進行模型

訓練，以便讓機器預測未來，以利員工進行事前準備。

- 第四階段：自我適應性，透過智慧化的資料決策產出，機器與企業皆能達到自主性自我優化的成效。

另外，也有學者提出強化工業4.0成熟度的8大原則，包括即時資料管理、收集／處理／分析／干擾（Collection/Processing/Analysis/Interference）、相互操作性（Interoperability）、虛擬化、分散化（Decentralization）、敏捷（Agility）、服務導向、整合商業流程等（Akdil, Ustundag, & Cevikcan, 2018）。企業需要逐步滿足上述所有原則中所需的軟硬體以及整體企業體制的修正變革，方能逐步邁向智慧化。

不過，再次提醒，上述工業4.0成熟度模型或8大原則中的許多基礎工程的功能，都屬於邁入工業4.0的基本關卡。因為這些技術都是工業3.0數位化革命時期，因資通訊科技越來越發達後因應而生的。這脈絡化的延伸，也是當今世界與台灣另一個潮流「數位轉型」，邁向目的過程中的關鍵要素。知名企業資源規劃系統廠商SAP，指出數位轉型的三個漸進層次，便能呼應上述言論：

- 資訊數位化（Digitization）：數位轉型的第一步是將各式資料透過資訊科技，轉化成為數位形式。例如：將手寫資料透過掃描轉化成為電子檔，接續進一步運用光學字元識別（Optical Character Recognition，OCR）技術，對圖檔中的文字資料進行分析辨識處理，以利後續便於被搜尋、彙整、編輯等數位資料。此舉更有助於後續數位化過程中，提升管理效率。

- 數位化（Digitalization）：又稱為是技術數位化或數位優化。此階段是將數位科技與技術整合到企業的工作流程、管理營運、及策略發展等。例如像是透過Microsoft Teams、Slack等進行公司員工團隊整合溝通，運用企業資源規劃、顧客關係管理（Customer Relationship Management，CRM）、供應鏈管理（Supply Chain Management，SCM）、知識管理（Knowledge Management，KM）等管理資訊系統輔助管理。透過整體企業營運數位化的資料，經系統整合以強化組織內外各單位相互協作，以提升整體企業的管理效率效能並強化顧客體驗等。

- 數位轉型（Digital Transformation）：企業將智慧科技整合至整體業務營運的所有範圍，以達到更好的產出，並且優化績效與商業流程等。當然，要達到數位轉型以獲得自動化、智慧化等強化組織營運績效目的時，整體組織架構、企業文化、工作流程、員工專業能力等，都將重新思維，予以進行改造，方才能達成目標。

另外，達到數位轉型必備的核心科技，包括新型態的 ERP（雲端化的 ERP）和資料庫技術、進階分析（Advanced technologies）、運算能力、人工智慧與機器學習、物聯網、智慧機器人和機器人流程自動化（Robotic Process Automation，RPA）等。因此，可見又再回到基本的科技技術的討論上。因此，無論是工業 4.0、數位轉型等概念，其實新型態科技的融入應該算是最具體能讓企業開始導入，逐漸邁向智慧化的第一步，所以，以下將重複出現且是邁向智慧化的關鍵科技，進行簡單的說明：

- 雲端運算──雲是指許多互相連結的電腦所組成的虛擬主機，特色在於其無所不在，所以無需如同過往一般坐在電腦前，就能進入與使用電腦主機

的相關功能。雲端運算，則是指透過雲以及資通訊科技服務形式，提供各式各樣資通訊服務。像是知名的AWS（Amazon Web Services）、Microsoft Azure、Google Cloud Platform等三大雲端運算公司中，最常見的三個服務模式，首先包括軟體即服務（Software as a Service，SaaS）：使用者透過雲端運算的方式提供特定業務功能與流程相關應用程式或服務給其他使用者，這些應用程式可以透過各式用戶端裝置，例如像是網路瀏覽器或應用程式等介面進行存取與使用。消費者並不需要管理或控制包括像是網路、伺服器、作業系統、儲存裝置、甚至是各個應用程式功能（除了某些特定與用戶組態設定有關的功能外）；另一種服務模式——平台即服務（Platform as a Service，PaaS）：使用者使用由提供者提供的程式語言、資料庫、服務、和工具，並將其由消費者創建消費創造或獲得的應用程式部署至雲端基礎設施上予以使用。使用者無須管理或控制包括像是網路、伺服器、作業系統、儲存裝置等底層雲端基礎設施，但是可控制部署好的應用程式及

為應用程式代管環境下需要的組態設定等。最後一種服務模式——基礎設施即服務（Infrastructure as a Service，IaaS）：使用者運用IaaS進行運算處理、儲存、網絡及其他可在其中部署及運行的任何像是作業系統、應用程式等軟體。使用者無須管理或控制底層雲端基礎架構與硬體，但需要控制作業系統、儲存、及已部署的應用程式，以及部分網路元件（例如主機防火牆）的有限控制。

前述三大家雲端運算廠商已提供非常廣泛的服務內容，例如運算功能、區塊鏈、延展實境製作與應用、巨量資料分析、物聯網、機器學習、人工智慧、機器人、媒體服務等等。所以，雲端運算對於促進達成數位轉型，具有密不可分的關係存在（如圖1-14）。

圖1-14　雲端運算服務提供範圍非常廣泛，從一般的軟體應用到建構數位資訊基礎建設，都能上雲完成

- 巨量資料分析：談到巨量資料多半會使用3V以形容其特性，包括具有龐大的數量（Volume）、資料產生具即時性的速度（Velocity）及資料來源多元，且具備結構與非結構等特性（Variety）。在逐步邁向數位化的過程中，不斷產生的數位資料，加上網路、行動通訊的發達，以及物聯網的成熟，累積越來越多的資料，而且資料堆積的速度越來越快，並且來自多方的裝置，例如溫度、溼度、成績、股票金額、聲音、臉部表情、文字等，因此巨量資料予以形成。資料分析可以分成描述性分析（Descriptive Analytics）、診斷性分析（Diagnostic Analytics）、預測性分析（Predictive Analytics）、指示性分析（Prescriptive Analytics）（上述SAP必備核心科技中，進階分析便是指預測性分析及指示性分析）。不過，順應智慧化時代的到來，在巨量資料分析領域占有一席之地的Thomas H. Davenport教授指出，有一種新的分析有別以往，於資料分析後提供人類建議，一種於獲得分析結果後，越過人類決策而自動採取行動的「自動化分析（Automated

Analytics）」，例如自動更改電商平台上的價格、自動確定向客戶發送符合其個人化屬性的電子郵件、或自動分析以駕駛汽車等，自動化分析係為一種新型態的資料分析方式，亦是巨量資料分析必須納入考量的分析方式（如圖1-15）。

圖1-15　智慧年代下，各式各樣的人事物的運作互動都不斷產生著資料，形成巨量資料管理

- 網宇實體系統：又稱為虛實整合系統，係為一融合虛擬數位運算與機器、裝置、物體等實體之系統。此系統主要透過結合實體與周圍的環境脈絡互動的主動執行或被動感受等作用，同步透過網路存取資料與處理資料，並進一步達到自動化甚至智慧化的運作，以帶來高效靈活的即時控制與客製化的生產結果。

- 系統整合──垂直與水平系統整合：各式組織內及組織外的資訊系統間的整合。垂直整合係為組織內部從下到上的系統整合，主要是一種將組織內各種活動使用的各式資訊科技系統和各層級系統資料資源整合成為一站式的解決方案；水平整合係為組織內部與外部系統間的整合，組織外的系統包括像是供應商、合作夥伴公司、顧客端等，讓資料資訊能在彼此間流動，以提升管理之效率效能。

- 物聯網：物聯網就是將物體嵌入感測器、軟體或其他技術，促使這些物體得以透過網路與其他設備和系統相連接與交換資料，並將整體形塑成一網絡。物聯網不僅止於大規模地在國家、城市、工

廠、企業使用，在一般住家中也有許多應用（如圖1-16）。像是Amazon推出的Alexa透過口頭語音就可以聲控開關電燈、冷氣、電風扇，或使掃地機器人開始進行打掃及拖地等。

圖1-16　透過物聯網建構起智慧家庭廚房的應用

- 自主機器人：能夠感測環境中各式各樣的資訊，在沒有人類控制下能自主執行任務的機器人。自主機器人通常需要具備人工智慧、感測、定位導航、聯網、通訊、人機互動等功能。像是於美國的Starship公司，結合行動科技及自主機器人，主要與零售商家和餐廳合作，透過Starship自動駕駛外送機器人，形成更有效率、更智慧、更具成本優勢的送餐送貨服務（如圖1-17）。

圖1-17　Starship自動駕駛外送機器人

- 模擬：透過2D或3D模型模擬或各式製程模擬等，再結合實體運作資料的反饋，流程中得以即時進行修訂修正。透過模擬的技術有助於實際執行時，縮短前置作業時間、提升成品良率，並提高執行決策速度與管理之效率效能（如圖1-18）。

圖1-18　透過模擬的技術，先行將成品予以視覺化或模擬運作，甚至於製作過程中同步進行模擬，強化監控與修正的即時性

- 網路安全（Cyber security）：隨著大量新型態的科技的使用，例如企業大量將資訊科技系統設備遷移至雲端，大量雲端運算服務的使用、感測器、通訊科技的使用、資料的交換等，網路安全性的風險預防與危機處理就顯得更加重要。因此，企業基本的網路安全的風險預防，例如威脅監控、網路攻擊檢測、反毒監測、反惡意程式等，更加需要被強化。

- 積層製造：也被稱為3D列印，是指先透過電腦繪製出數位立體圖檔，或是由3D掃描器掃描之圖檔。接續，再透過軟體轉化成為一層一層的架構，以利列印時有規則可循。最終發送數位檔案至3D列印機列印，完成後即可取得一立體物件。用以印製的媒材非常多元，從塑膠、金屬、陶瓷、凝膠，甚至生物材料都可以成為列印的原料，因此應用範圍廣泛（如圖1-19）。

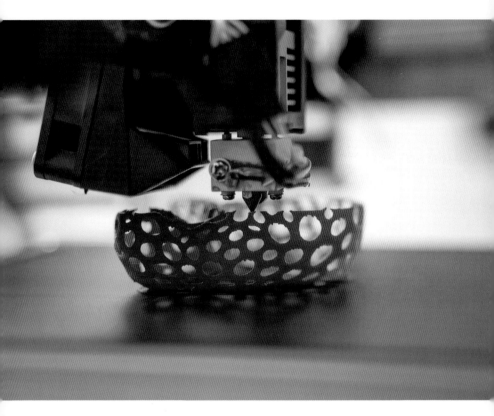

圖1-19　3D列印技術帶來更有效率與彈性的產品製造

- 延展實境（Extended Reality，XR）：延展實境XR被用來作為所有無論是完全體驗虛擬世界的虛擬實境（Virtual Reality，VR）（如圖1-20），或結合虛擬（例如：文字、物體等數位內容）疊加於實體環境中的擴增實境（Augmented Reality，AR）（如圖1-21），又或是進一步能與疊加在真實世界的虛擬物體互動的混合實境（Mixed Reality，MR）（如影片1-4）等結合實體與虛擬的技術之總稱。

主要能透過XR的相關技術，帶給使用者完全不同的感官體驗、增加無法於實體環境中完整呈現的資訊，又或是透過與虛擬物體的互動，增加使用者特定事件、情境的經驗等。

圖1-20　VR技術讓使用者沉浸於虛擬環境，彷彿置身於另外一個世界

圖1-21　於實體環境中，延展出虛擬物件的AR

影片QR Code

影片1-4　Microsoft 提供的MR應用

YouTube：Introducing Microsoft Mesh

https://www.youtube.com/watch?v=Jd2GK0qDtRg

　　上述討論從人工智慧（Artificial Intelligence）到智慧製造（Smart Manufacturing）、智慧工廠（Smart Factory），可以發現雖然都出現「智慧」兩字，但是除了英文不相同外，探討的範圍、深度、廣度也不太一樣。人工智慧探討的是以專精探討技術層面應用為主軸；智慧製造探討的是整體製造業達到智慧化的營運模式，除了範疇更廣，涵蓋各式各樣的新興科技外，主要目的便是讓整體產業的營運更有效率效能，且達到更具創新創意的產出。所以，由此可知在討論所謂的智慧服務時，人工智慧的角色是不可或缺的，不過為達智慧化，建構出虛實整合、提升整體效率效能，並且創造出讓顧客獲得個人化服務等特質之科技技術為何，也是必不可少；再加上因應動態世界環境變動與顧客多變需求，以資料分析或實證分析為基礎，具敏捷性、彈性運作所產出具有創新創意的解決方案，方才是智慧服務需追尋的主要目的。

二、智慧服務（Smart Service）

　　每一次工業革命，都會帶動新產業的出現。新產業的勞動占比隨著時間會越來越高，而且也會影響許多傳統產業，重新定位自己往新產業的型態邁進。因此，無論國際或台灣，整個產業發展與從業人口占比都是從早期的農業、工業，邁向當今以服務業為主流的形式。而且，也已經有許多製造業以服務業自居。當然除了服務導向的概念融入經營模式外，其實許多傳統製造業，本來就有服務性質的商品存在，像是接受客人的諮詢或維修等，也都屬於具無形特質的服務。不過，相較於服務業，製造業中與服務性質相關的工作任務，或許仍沒有服務業裡的服務屬性如此繁多與複雜。加上，近年來在資通訊科技、人工智慧、晶片設計、感測器、巨量資料、運算能力、物聯網等技術大幅度進步的推動下，透過遠端連接人與物的能力增長，且增強了許多過往不可及的可能性，也因此催生出一個網路通訊無所不在、永遠都在線上、且能夠持續連線的智慧且全球化的世界，進而引發服務生態系全面性的變革。如圖1-22中的虛線箭頭所示，科技促使包括各式裝

置、電器、智慧車等，物與物之間的連結又或是人與物之間的連結，皆可透過自主感知周圍情況與環境脈絡，即時收集資料、持續進行通訊與互動式的操作及回饋等。

　　另外，圖中實線的部分可以看到各端點所接收到的資料都流回雲端的資料中心，並且與企業後台互動進行存取分析的功能，以利進行管理、革新、或研發下一次新的解決方案等使用。畢竟，人類嚮往「新意」，對於「服務」的程度與品質的要求也會不斷「創新」。因此，更具符合個人偏好，具有敏捷性、彈性、高互動性、即時性等特質的創新服務 —— 智慧服務，因應而形成。

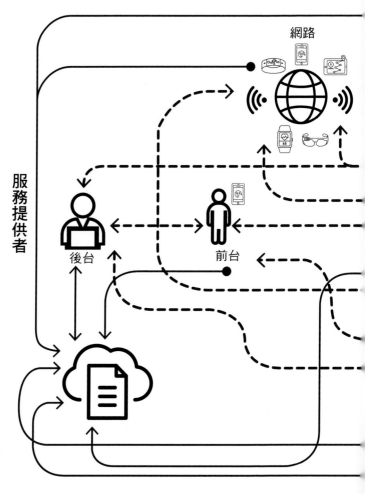

圖1-22　結合新興科技，服務環境脈絡產生改變

翻譯自 Ostrom、Parasuraman、Bowen、Patrício 與 Voss（2015）

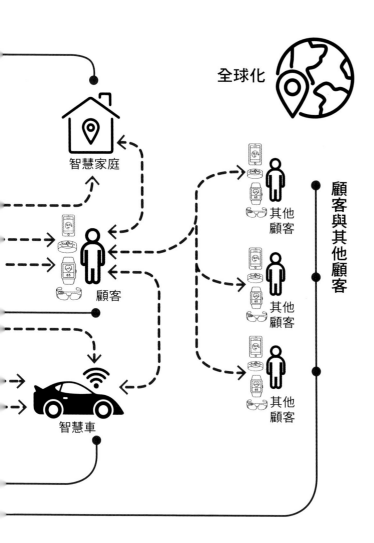

全球化

智慧家庭

顧客

智慧車

其他顧客

其他顧客

其他顧客

顧客與其他顧客

（一）智慧服務的定義與內涵

　　由上述討論我們可以得知，隨著時間的演進，除了帶來許多解決人類需要的新興科技外，當然也滿足人類對於「服務」上的需求，促成智慧服務如此新興解決方案形成的重要因素。過往學者針對智慧服務定義時指出，智慧服務是強調個人化（personalization）、高動態的、主動式、自動化（至少部分要達到自動化），並且基於品質考量的一種服務屬性的解決方案。主要透過科技與技術整合，促使服務提供者能了解服務接受者現場資料並整合環境脈絡資料進行智慧化的分析，同時根據顧客回饋進行彈性調整。智慧服務係以滿足特定時間、地點的顧客需求，強化顧客體驗為主要目的（Antonova, 2018; Dreyer, Olivotti, Lebek, & Breitner, 2019; Kabadayi, Ali, Choi, Joosten, & Lu, 2019）。

　　另一方面，過往學者認為智慧服務須以系統的觀點來檢視，方能達到真正的智慧服務傳遞。智慧服務系統是為達到機器、體制、流程等能自主性地自我管理和自我重新配置，確保傳遞利益關係人滿意的服務為目的之系統。在此系統中，邊界對象（boundary object）──智慧產品

扮演聯繫系統內外部的媒介。因此，從智慧服務的策略發展、演化改變等階段中，皆需透過智慧產品達到虛實整合及促使利益關係人共同創造價值的服務系統（Anke, 2018; Beverungen, Müller, Matzner, Mendling, & vom Brocke, 2019; Laubis, Konstantinov, Simko, Gröschel, & Weinhardt, 2018; Wiegard & Breitner, 2017）。

因此，從上述討論的定義來看，智慧服務主要強調透過人工智慧、智慧科技的輔助，進行現場即時資料的偵測與回收資料的進階資料分析等，以達到個人化、動態彈性的、主動式的等新型態服務體驗的提供。而且，在智慧服務體驗提供前中後，無論是顧客或服務提供者等利益關係人，皆須透過智慧產品創造彼此能互相連結、溝通、操作等行動，並能不斷進行資料收集與運算，以達到價值共創的完整智慧服務系統。因此，為了進一步深入了解促成智慧服務的要角──人工智慧對服務的應用，以及智慧產品與統整整體智慧服務形成的系統觀點，以下進一步分別進行討論。

服務業裡，服務傳遞是指無論是人或機器的服務提供者與顧客之間的互動。不過，無論是人類或是人工，依據

服務的特性，過程中需要展現的是多元、因情境不同具有差異的「智慧」層次。Huang 與 Rust（2018）以服務領域中的智慧及人工智慧發展進程為時間作為軸線，區分出機械性的（mechanical）、分析性的（analytical）、直覺性的（intuitive）與同理心的（empathetic）（如圖 1-23）。

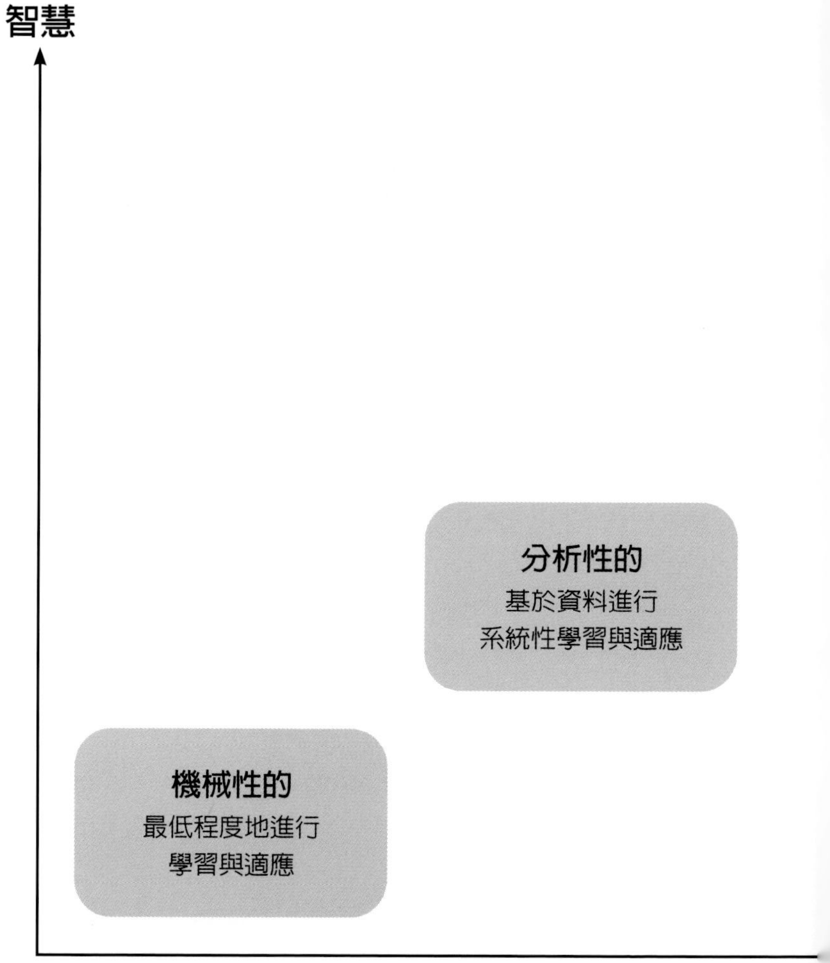

智慧

分析性的
基於資料進行
系統性學習與適應

機械性的
最低程度地進行
學習與適應

圖1-23　四種智慧

翻譯自 Huang 與 Rust（2018）

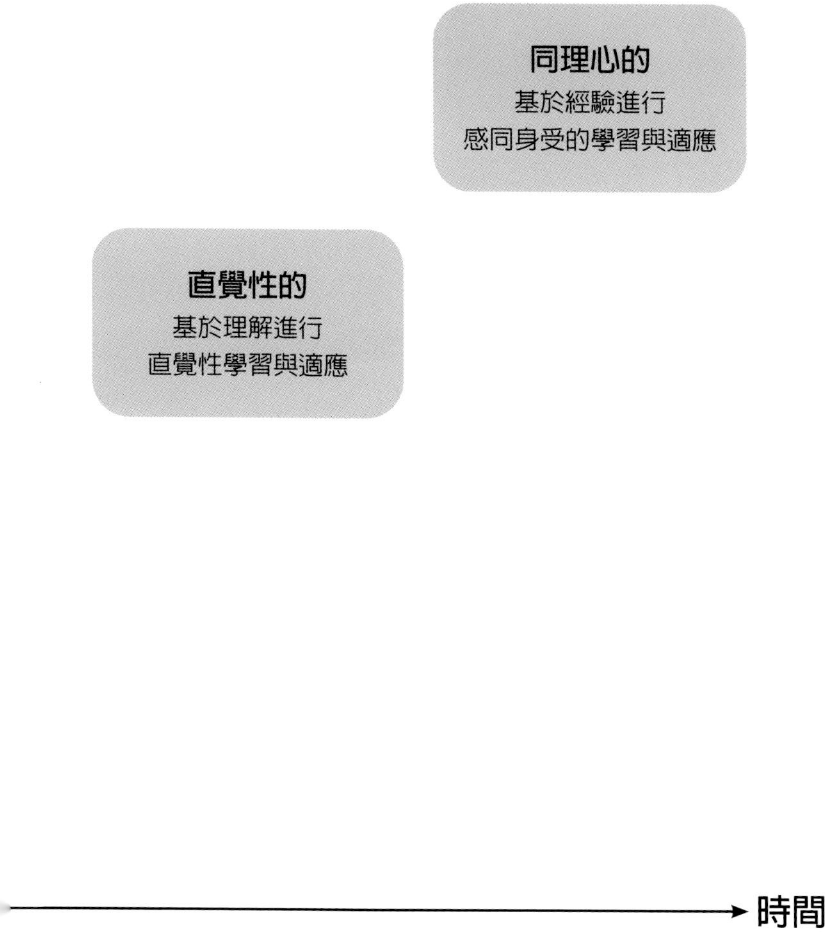

同理心的
基於經驗進行
感同身受的學習與適應

直覺性的
基於理解進行
直覺性學習與適應

時間

　　首先第一種──機械性，例如像是能夠自動執行重複性、經常性發生的工作任務。通常執行此類型工作任務時，講求高度一致性的服務品質，加上這類型工作不斷重複且沒有太多變化的特性，從中獲得的學習價值也是有限。所以，相對於比較容易受到各式各樣情況影響的人類，「穩定的」機器反而更適合這類特性的工作。執行重複性、固定性機械性特質服務所需的智慧，對於講求創造力的當代，並未顯得多有「智慧」。不過，這是人類生活、工作等環境與情境下，基礎且不可或缺的工作任務，相對應工作職位包括客服人員、零售業銷售人員、服務人員、計程車司機等。可以試想看看，少了這些服務將造成工作或生活多少的不方便。

　　接續，分析性。分析是運用資訊處理、邏輯推理、數學技巧等能力解決問題外，並從中學習的一種智慧形式。這些能力的培養需要從認知學習、專業領域知識技能建構，一步一步培養而來，例如像是機器學習和資料分析就是主要分析性人工智慧的應用。當代的機器學習主要是不仰賴事前程式設計，而是透過演算法自行從資料中學習並找到具有洞見的資訊。分析性的智慧執行著複雜，但具系

統性、一致性、可預測性的任務，通常共通點都是仰賴大量資料與資訊。相對應像是電腦與科技相關工程師、資料科學家、數學家、會計師、財務分析師等職位所提供的服務，都需要仰賴大量的分析能力。

再者，直覺性是一種具創造性思考和能適應環境情況的能力，需具備包括洞察力、創造力，且能有創意解決問題等智慧。通常複雜的、具有創造性、全面性的、需仰賴經驗的，或需要考量整個情境脈絡的服務任務，仰賴的就是需深思熟慮的直覺性智慧。任務複雜且獨特的特質，使得服務過程中得仰賴直覺即時提供贏得人心的服務。隨著互動時間的累積，越來越深厚的顧客關係，有助於服務提供者掌握顧客更多的特殊需求細節與精髓。如此一來，所提供的服務將不同於僅透過資料探尋洞見發展服務過程的那般簡單，像是具個人化特色且繁複的旅遊服務規劃以及為特定顧客與場合設計的豪華餐飲等，都是需要仰賴直覺性以提供卓越的服務。其他常見相對的職業包括行銷經理、業務經理、資深旅遊從業人員、管理顧問、律師、醫生等等都大量使用直覺性的智慧。不過，值得補充一下的是，此處的直覺並不是那種憑空而來的、與環境情境脈絡

無關，突然從腦海蹦出來的想法。這邊的直覺更多的是已經累積長久的知識、經驗與專業，而這些過往累積的智慧，在人類面對複雜事物且有相似情境經驗時自然而然地被引發出來，以利服務提供者將思考用在更多沒有過往經驗參考的事物上，來強化整體執行效率並更能細緻地著墨內容，以創造出具智慧化時代所需要的「個人化」服務。

最後，同理心就是一種能夠辨識與理解他人情緒，做出適當反應，並進而影響他人的智慧。常應用在提升對他人感受的敏感度及促使與他人有良好合作互動、社交等技能。更具體一點來說就像是溝通、關係建立、領導、談判、能平衡工作與生活、社交、團隊合作、具有文化智商能處理文化多樣性、具有魅力等特質。像是需要較高層次的社交技能、高接觸頻率的服務，都特別講求人與人之間社交行為、情感交流與互動關係等。過往研究常提及服務人員的情緒勞務、美學勞務等，都指出服務提供者無論是真是假，在情緒表現上、外觀、談吐、動作等，服務提供者都需要做好適當且符合顧客需求與期待的情緒表現、外表儀容等，以帶給服務接受者良好的感受。通常需要同理心智慧的職業，包括像是政治家、精神科醫生、心理學

家、空服人員等。所以，具備同理心智慧的機器人，是能夠體驗人事物並能累積其經驗，讓人類可以認為它是有感覺或至少表現得好像有感覺的樣子。目前，具有同理心特質的人工智慧是相對還在開發初期的技術，市面上的應用仍屬少數。近年，最著名的案例就是能夠給予陪伴、讓人獲得心理慰藉的聊天機器人Replika（如圖1-24）。

圖1-24　能夠跟你談心交友的聊天機器人Replika
擷圖自 https://replika.ai/

　　從上述討論可以得知，智慧於服務場域的應用上，是具有多重層次，並且具有其複雜程度的。不過，無論機械性、分析性、直覺性、或同理心的智慧，全都仰賴著資料、資訊、知識、經驗等收集、學習、轉化後，才能產出相對應行為的特徵。因此，這也是為何上述探討智慧服務定義時，身為媒介的智慧產品的重要性。

　　智慧產品可以向服務提供者提供使用者所使用的資料，而服務提供者可以轉化這些資料形成有用的資訊後，為顧客提供符合環境脈絡與實際場域的、甚至是超前部署的服務。Beverungen et al.（2019）指出八種可延伸發展或創造出的智慧服務的智慧產品特性：

- 唯一識別（Unique Identification）：智慧產品成為服務系統中可被區別、辨識的來源，能夠儲存、辨識使用者來源的資料。此特性為設計、提供、和傳遞服務擴展一條新的通道。
- 定位（Localizing）：可以根據個體或群體的智慧產品位置，配置和傳遞服務（如圖1-25）。

圖1-25　手機GPS定位

- 連接性（Connectivity）：透過資通訊科技，智慧產品可以與不同位置、甚至位在遠方的資源進行整合。以智慧產品科技為中介，透過整合不同利益關係人提供的知識、技能、資源、活動、以及資訊系統等，一起共創服務。

- 感測器（Sensors）：服務可以根據智慧產品運作時即時感測的環境脈絡、條件等資料，予以訂製。

- 儲存和運算（Storage and Computation）：智慧產品不需收到遠端中央系統的控制，其本身即可進行運算並自主提供服務，並能儲存資料以執行即時或非即時分析。

- 致動器（Actuators）：驅動致動器，智慧產品便能開始在你面前開始提供服務。另外，亦可透過遠端驅動，讓服務即時開始提供。

- 介面（Interfaces）：服務是在智慧產品與顧客間的交流互動中，所共同創造出來的，而那個人機交流的媒介，即為介面。

- 隱形電腦（Invisible Computers）：服務可以如隱形一般，在使用者沒有意識到的情況下被提供與傳

遞；或可以在使用者不知情的情況下，收集附近的資料。（不過，這當然也引發了智慧服務系統中，資料道德相關的疑慮。）

上述特性，透過智慧產品與服務間的整合，促進服務更加智慧。這也如同過去 Tukker 與 Tischner（2017）提出的產品—服務（Product-Service，PS）一般，是一種融合有形產品和無形服務的組合，這樣的組合能夠彼此協力共同滿足顧客需求。同時，他們也提出產品—服務系統（Product-Service System，PSS）的觀點，並且指出製造生產出一項產品—服務，需要包含製造過程中所需的網路、基礎設施、管理結構等一連串系統的整合。

所以，多數需要整合多重來源、資料、與科技裝置等所提供之解決方案，都須考量其系統性的必要。Lim 與 Maglio（2018）認為創建一智慧服務系統，需要包含五大要素5C，包括連結（Connection）、收集（Collection）、運算（Computation）、通訊（Communic-ations）、及共創（Co-creation），詳細內容如下：

- 連結：智慧服務系統管理中，第一項屬性是人與物體間的連線。這邊指的「物」不但包括顧客直接使

用的產品外，也包含顧客與服務提供者間溝通連結需使用到的專用基礎設施等。我們生活在一個相互連結的世界中，物聯網等解決方案的出現，正好印證人類控制周遭人事物的能力與慾望。人與物的連線是收集和通訊的根基，也是智慧服務系統的基礎設施。因此，創建用於連接網路與實體物體的基礎設施——物聯網，對於智慧服務系統來說扮演極為重要的角色。資料分析、雲端運算、移動通訊等技術，全都只能透過一互相連結的基礎設施，方能有效地相互協同工作。

- 收集：智慧服務系統中，第二大重要屬性是從連結到的人事物中收集資料。這些所謂要收集的資料，包括管理系統中的流程情況追蹤、商業流程的事件日誌、人的健康和行為記錄、以及動物的生物訊號等。由於人類及當代的人工智慧皆具備持續從環境中獲得的資料進行學習的能力。因此，資料是環境脈絡情境感知的核心資源。「智慧」一詞涉及資訊行動（information actions）的概念大過於實體或人際行動（physical or interpersonal actions），所以其必

定與資料的運用具有強烈的關係。傳統資料收集和
當代的資料收集間的主要區別在於資料來源。當代
感測方法包括實體感測和社交感測，實體感測就是
各式各樣具有實體感測器的物體，於感受過程中產
生與累積資料；社交感測則是指從社群媒體、通訊
軟體、問卷調查、訪談、查詢行為、和文件中「感
測」，並且收集資料（如圖1-26）。從服務系統中，
無論透過實體感測或社交感測的人、事、物所產生
的資料，像是人的行為及活動、組織與事物的運作
和狀態管理，以及服務系統內的互動情況等，資料
的使用將有助於促使上述內容的管理與運作更加具
有效率及效能。

圖 1-26　透過社群媒體、通訊軟體等產生的社交資料

- 運算：運算是智慧服務系統中的第三個關鍵屬性，智慧服務仰賴使用特定的演算法和專家知識進行運算，以獲得最終的決策。運算的功能在互相連接網路中，是進行資料與資訊溝通的先決條件。因為這些過程將使原始資料轉換為標準化資料或資訊，進而形成機器可讀懂的資料或是人類可理解的資訊。智慧服務系統的關鍵特性，包括像是環境脈絡中的情境感知、預測及主動的運作、適應性、即時與互動式決策、自我診斷和自我控制等，都只能透過對特定資料的運算來形成。而且，由於資料來源的分散式特性，智慧服務系統運算的兩大關鍵要素是雲端運算的可用性和安全性。

- 通訊：人與物體間的無線通訊是智慧服務系統的第四個重要屬性。通訊的環境情境脈絡包括機器與機器及人類與機器；因此，不僅需要考量機器可讀取的資料外，還包括人類可理解的資訊，例如視覺化的方法以及其他透過實體、虛擬、擴增實境等用以模擬聽覺、嗅覺、味覺、和觸覺刺激來傳遞資訊的方法。雖然相同的產品、基礎設施和利益關係人可

能涉及多個服務系統，但每個服務系統中的交互作用則都是獨特的。前述包括連結、收集、運算等屬性促使服務系統運作的成形，而強化服務系統轉化變為智慧服務系統之關鍵，主要仰賴系統間彼此相互溝通。因此，通訊技術在任何智慧服務系統中都扮演至關重要的角色，就如同人體循環系統的血液一般。

- 共創：顧客與服務系統提供者間的價值共創是智慧服務系統的第五項屬性。價值創造是交換經濟的根本目的。任何類型的服務系統都涉及價值共創，將不同的利益關係人聚集在一起，共同合作產出彼此都覺得重要的結果。 在這方面，科技、技術的開發和使用，主要目的就是在強化價值創造或創造新價值。價值共創利益相關人的案例，包括像是資訊科技產品的顧客、製造商、基礎設施的政府機構和應用程式開發商。

目前多數智慧服務系統的現況，還在促進資訊行動的自動化階段中，因此上述5C應足以涵蓋整個智慧服務系統所需。不過，當自駕車、全自動建築（fully automated buildings）等自主性服務系統以及強化具有人際互動、情感行為的自動化（automation of interpersonal（emotional）actions）出現後，就需延伸目前的5C，加上控制（Control）以及關懷（Caring）等屬性形成 7C。

　　智慧服務系統如同上述所提及的5C中連結、收集、運算、通訊、及共創等特質，無論是單一產業，又或是延伸到整個城市、國家、區域、甚至全世界，系統觀點就是彼此串聯一起的概念。但是，彼此仍如圖1-27所示，具有階層關係。最上一層是公共行政層次的智慧城市與政府，延伸產生出智慧家庭、智慧醫療健康照護、智慧運輸、智慧能源、智慧建築、智慧物流、智慧農業、智慧安全系統、智慧餐旅、智慧教育等智慧業務營運階層。接續，倒數第二層的智慧裝置與智慧環境是任何一種智慧服務系統都需要具備的重要資源層次；而最底層的物（如物聯網的物）、顧客、及供應商，則透過上一層次的智慧裝置與環境彼此串聯，以達到資料收集、傳遞各式智慧服務給顧客等目的。因此，系統中相關利益關係人皆可透過此智慧服務系統，共創對彼此都重要的價值。

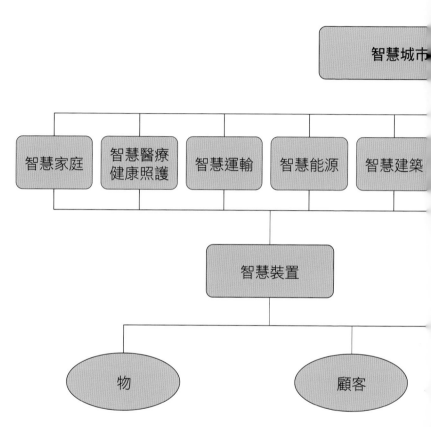

圖1-27　智慧服務系統的階層架構
翻譯自 Lim 與 Maglio（2018）

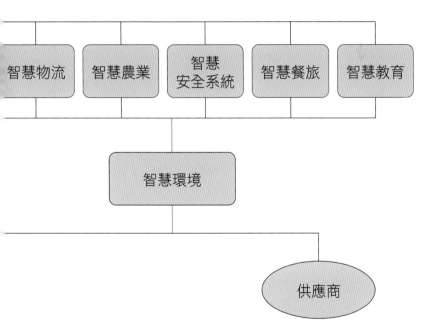

（二）傳統服務 vs. 數位／電子化服務 vs. 智慧服務

透過上一節對於智慧服務的定義、服務業中的人工智慧、智慧產品、智慧服務系統的討論，相信讀者對於智慧服務應該有所初步了解。為幫助大家進一步釐清，以及提升真假智慧的判斷力。此節，我們來比較傳統服務（Traditional Services）、因應工業 3.0 後電腦、網路發明而轉型的數位／電子化服務（e-Services），以及本書主角智慧服務（Smart Services）間的差別（彙整如下表 1-1）。

比較三者來看，智慧服務符合工業 4.0 虛實整合的特質，結合傳統與電子化服務兩者的服務場域，並且透過全面性整合，產出更具個人化、彈性、主動性、互動性、具備許多自動化應用等特質結合的服務集合；傳統服務則是透過人的各式各樣的技能、技術予以提供。不過，在此一提，雖然許多傳統服務仍有仰賴科技的成分，但並非所有服務通用。而當今講的智慧服務，除了一般科技以外，更多的是資通訊科技下的整合與應用，所以在此仍把傳統服務視為較少應用我們主要討論目標科技的一種服務形式；最後，電子化服務則是仰賴網站來作為服務提供的場域。

因此，融合傳統服務特性，再加上新型態資通訊科技應用與智慧產品融入，智慧服務為實體與數位搭起橋樑，並延伸創造新的服務解決方案。

再者，智慧服務的互動屬性中也指出，除了涵蓋傳統服務與電子化服務外，額外還包括M2M機器對機器服務互動特質。透過數位資訊互相連結與操作的機器，亦是能夠提供具有自動化、甚至智慧化特質的服務。因此，智慧服務涵蓋的互動角色、方向、屬性，遠大於過往服務內容範疇。接續，智慧服務的服務提供上，就如同過往認知的「優質服務」那般，會考量顧客的整體情境環境脈絡，提供適當應對、具有智慧考量的服務。如此服務的提供就算是由機器來傳遞服務，或許也會比教育訓練不足的真人服務更有溫度。最後，顧客體驗的屬性上，過往傳統服務為實、電子化服務為虛，而基於虛實整合的智慧服務，在顧客完整的消費體驗過程中，提供虛實兼備、顧客喜好導向、且無縫隙的服務為主。

表1-1　傳統服務、電子化服務、智慧服務間的差別

屬性 ＼ 服務類型	傳統服務	電子化服務	智慧服務
場域	實體	虛擬	虛實整合（實體與數位融合的服務）
核心科技	無	網站	裝置、感測器、智慧型手機、應用程式、物聯網
互動屬性	顧客對服務提供者；顧客對顧客；顧客對服務	介於顧客與電子化服務提供者之間；顧客對顧客	顧客對服務提供者；顧客對顧客；顧客對服務；服務對服務提供者；機器/裝置/感測器對機器/裝置/感測器（接觸點對接觸點）
服務提供	開始/結束	全年無休	因應情境環境脈絡提供服務
體驗屬性	面對面	線上	具個人化與無縫顧客體驗的設計，以達到適切的互動

翻譯自Kabadayi et al.,（2019）

　　不知道讀者看到這裡會不會想到，智慧服務是只有純服務為核心商品的產業才能有嗎？以商品為核心的產業是否能有智慧服務呢？其實，前面章節曾經提過，即使在製造業也都有智慧服務的需求。所以，在當今的經濟環境下，各式各樣行業中多多少少都有販售「無法獲得實體的服務」。以下我們就用以服務占比較高的觀光業、以實體商品占比較高的零售業，分別來看看電子化與智慧化間的差別，並進一步討論不同產業間智慧服務的內涵。

　　首先，先以銷售服務為主的e化觀光（e-Tourism）與智慧觀光（Smart Tourism）進行比較。兩者之間大多數的差別就如同智慧服務與電子化服務，包括像是智慧觀光講求的是虛實場域上的整合、使用智慧產品、強調以科技為中介進行價值共創，並強調整體觀光生態系統利益關係人間的彼此互動與合作；另外，e化觀光部分，以數位「虛擬」環境為主、服務範圍以網站為主，互動型態因近年網站技術提升，也強化提升互動性典範的營運方式。

　　e化觀光包辦整個旅客體驗的前段與後段（如圖1-28），而智慧觀光則是額外還要增加旅遊中段部分（如圖1-29）；兩種類別的主要運作「命脈」部分，前者強調資訊傳遞、互換為主，後者要加上巨量資料的累積與計算。而且，e化觀光強調線性的價值鏈與中介的結構角色；智慧觀光強調的是全面生態系統的交互傳遞合作、互動所延伸帶出來的服務。因此，由兩者的比較其實可以得知，其實智慧觀光要形成，除了傳統觀光（旅程中你獲得視聽嗅味觸相關感受的各式景點、體驗、活動的涉略等等）外，也得仰賴e化觀光的運作所得來的無論是資料、資訊或是資源等，方能累積在旅程中，創造出符合「智慧化」該有的個人化、彈性、無縫體驗等（如表1-2所示）。

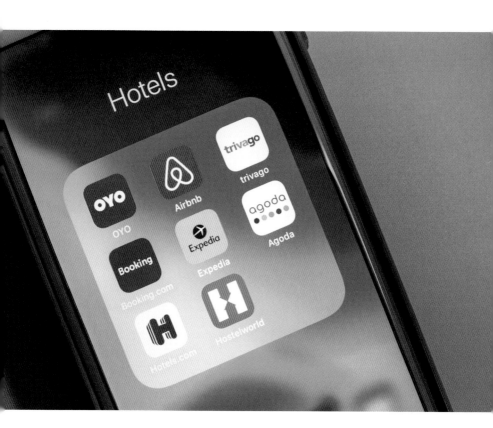

圖1-28　e化觀光帶動了許多線上旅遊交易平台（Online Travel Agency，OTA）的興起，其包辦部分旅遊體驗前、後所需之功能

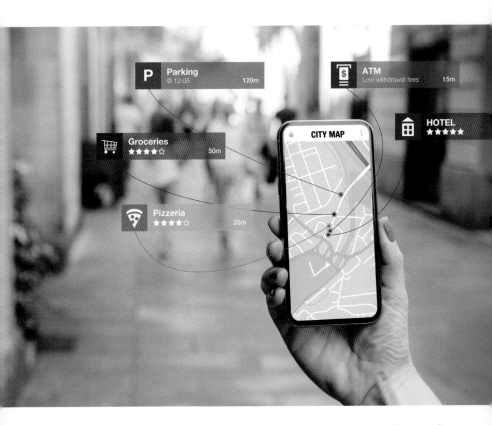

圖1-29　旅程中透過定位以及AR技術，提升整個旅遊體驗，使旅程更加順利

表1-2　智慧觀光與e化觀光間的差別

屬性	e化觀光	智慧觀光
場域	數位	虛擬與實體
核心技術	網站	感測器&智慧型手機等各式智慧產品
旅遊階段	旅遊前&旅遊後	整趟旅遊體驗
重要運作的命脈	資訊	資訊與巨量資料
典範	互動性	以科技為中介的價值共創
結構	價值鏈/中介	生態系統
互動	企業對企業、企業對顧客、顧客對顧客	生態系中的利益關係人間的彼此互動與合作

作者翻譯並修改 Gretzel、Sigala、Xiang 與 Koo（2015）

　　接續，我們來比較以商品銷售為主要收益來源的零售業中，智慧零售與電子零售間的差別。兩者之間差別，和觀光業也是一樣，大多數差異就如同智慧服務與電子化服務。像是智慧零售講求的是虛實場域上的整合、使用智慧產品（包括感測器、智慧型手機、應用程式），互動的性質上，也是以生態系中多方利益關係人事物彼此連動與互動的狀態；另外，電子零售部分，亦是以數位的「虛擬」環境為主，主要服務範圍以網站為主，互動的性質，就如同電商平台那樣，有電商平台對顧客，也有顧客對顧客的部分互動性質，主要都是以線上體驗為主（如圖1-30）。

圖1-30　透過AR技術提供更多的商品資訊

　　另外，有個有趣的部分像是電子零售的營業時間是每天24小時、全年無休，而且沒有地區限制，隨時下單購買皆可。對於講求虛實整合的智慧零售時代，相信如此便利的消費型態一定會持續下去。但是轉換至實體零售商店，顧客仍希望能摸到商品，或是到實體店面體驗時，聘請銷售人員進行每天24小時、全年無休服務的效益並不是很高。所以，智慧零售會應環境脈絡與顧客需求回應適切的智慧服務，例如待顧客上門時再由機器提供服務等。像是路邊的飲料販賣機，又或是全機器提供「服務」的Amazon Go無人商店，對於有時趕時間、又或是不喜歡與人溝通接觸等需求的消費者來說，如此的服務才比較智慧（如圖1-31）。

圖 1-31　Amazon Go 無人商店

表 1-3　智慧零售與電子零售間的差別

屬性	電子零售	智慧零售（Smart Retailing）
領域	數位	橋接數位與實體環境
核心技術	網站	無數的感測器、智慧型手機、應用程式
互動性質	介於顧客與網路商店間；顧客對顧客	顧客對商品（品牌）；商品（品牌）對零售商；機器對機器（接觸點對接觸點）
體驗性質	線上購物體驗	基於互動的本質，產生新型態個人化與無縫顧客體驗
服務提供	全年無休	依情境脈絡與條件，回應適切的智慧服務

翻譯自 Roy、Balaji、Sadeque、Nguyen 與 Melewar（2017）

圖1-32　服飾店可以透過智慧鏡子的應用，提供顧客更多個人化的建議，強化顧客消費體驗

圖1-33　Gucci的App透過AR的方式讓使用者先試穿他們的鞋款

　　由上述兩種業別的電子與智慧的差異比較後可得知，無論是以銷售服務為主、又或是以銷售商品為主要收入來源的產業，其實都和智慧服務與電子化服務間有多重類似的內容。不過，隨著消費者需求層次的高低、服務涉入程度的高低等，「服務」的複雜程度也會有所差異。就像是上述提及運用於服務業的人工智慧的四個層次：機械性的、分析性的、直覺性的、同理心的等四種，大家自行對應一下各種接受到的商品購買或是服務提供的消費體驗中，哪些類型特別需要應用哪一種類型的智慧層次，其實就可以知道，我們對於智慧服務的提供，是偏向規律且固定的動作、運送傳輸等機械性行為的，還是考量更多顧客特質、當下狀況、經驗等直覺性；又或是考量顧客情緒，提供表達更多「感受」的服務時，所需要的同理心智慧。記得，牽扯到實體與人類接觸時，是有經驗、層次上的差別，無論是顧客本身、商品本身、服務本身等，並不是發現某特定服務好，便依樣畫葫蘆隨處使用。因為，那反倒是一種浪費資源與成本，卻達不到效益的作法。

（三）智慧餐旅

　　既然本書主旨以餐旅體驗作為探索智慧服務的範例，所以接續也來看看，隸屬於智慧服務系統中的智慧餐旅為何物。Šeri、Gil-Saura 與 Ruiz-Molina（2014）指出隨著科技逐漸的導入，餐旅企業逐漸擺脫過往被認為較傳統的營運模式。1894年位於荷蘭的旅館安裝了第一台室內電話；一百年後，凱悅酒店集團和 Promus Hotel Corporation 建立了網站；接續自2000年代以來，應用於餐旅產業的資通訊科技，包括館內 Wi-Fi 的使用、線上預約平台、App 等亦是越來越廣泛，已成為餐旅產業的常態；近年，隨著智慧科技的發展，2015年獲得金氏世界紀錄認證的全球第一家機器旅館——変なホテル（怪奇飯店）於日本開幕，雖然後來因技術不夠成熟導致許多服務失誤，部分轉回人類服務。不過，此舉的確是智慧餐旅的開端，畢竟相對應的技術，包括像是電腦視覺、自然語言處理等，其服務內容與精準度皆持續不斷擴增與提升。2018年，阿里巴巴集團於中國杭州建造的第一家無人旅館——Flyzoo Hotel 開始營運，結合手機 App 創造出流暢且無縫的住宿體驗。當然，

其餘亦有許機械手臂無人咖啡亭、無人飲料店、機器人餐廳、無人餐廳、餐飲外送等餐飲形式的形成。因此，的確整個餐旅產業順應科技發展，於世界各地正產生著快慢不一的變化。

不過，工業4.0帶來的新興科技與人工智慧，迄今於餐旅產業的應用仍占少數，且不完整。但是這些科技包括網宇實體系統、物聯網、巨量資料、人工智慧、機器人決策、決策支援系統（Decision Support System，DSS）、虛擬實境、機器人技術、自動化的資料串聯與搜集、推薦系統、和情境感知系統等，未來勢必對餐旅服務業產生巨大的衝擊與影響。畢竟，先從資訊系統的觀點來看，物聯網的串聯、各式智慧科技、智慧產品的應用下，對於本來就很重視資訊傳遞的餐旅業來說，將帶給顧客更完整且豐富的資訊提供、移動力的彈性提升、更強大的決策輔助，以及更具個人化、互動性高、且難忘的體驗。

Lim與Maglio（2018）指出智慧餐旅係透過人與服務環境間的連接、體驗過程中的資料收集、情境感知的運算等，於科技支援的餐旅環境中，由顧客與服務提供者共同進行價值共創的活動。由上述的工業4.0可以得知，當

代企業並非單一營運，而是與其整體生態系的上下游夥伴，甚至顧客連動以形成整體生態系。除非生態系統中的各式利益關係人皆能導入數位化與雲端化形成一串聯的系統，否則形成智慧服務的願景將難以形成。Buhalis與Leung（2018）研究中繪製出餐旅生態系統與次系統（如圖1-34），餐旅企業主體延伸的主要系統包括第一層次的業主、管理、供應鏈、旅館顧客、員工、目的地行銷組織、生意夥伴；第二層次於業主旗下的加盟者與投資人，管理層次下的標竿、房價管理、評論管理、行銷與公共關係，供應鏈層次下的供應商、批發商、零售商、與服務提供者，生意夥伴層次下的航空業、旅行業、會展業及婚紗業等，以及延伸出去的次系統內的各個利益關係人。一間旅館的營運牽涉許多利益關係人，其中分為與旅館經營業務直接或間接等不同的關係，形成了主生態系與次生態系統，而這樣的關係也形成了一個價值共創的互動關係圖。例如：旅館的生意夥伴中，旅館的生意仰賴航空公司運輸過來的旅客；不過換個角度思考，有些消費者也會因為與特定旅館合作的航空公司旅遊套裝行程，而選擇搭乘該公司的飛機旅行。因此，生態系統中的各利益關係人彼此是

互利互惠且互相影響的競合關係。

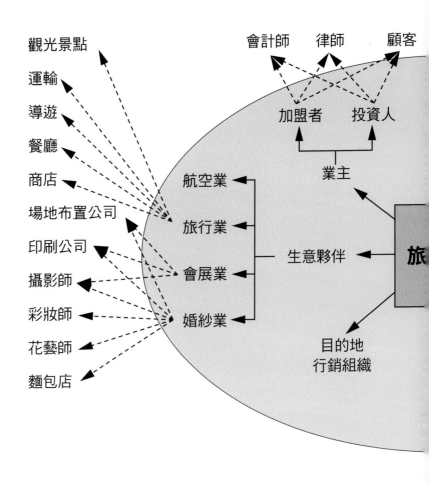

圖1-34　餐旅生態系統與次系統
翻譯自Buhalis與Leung（2018）

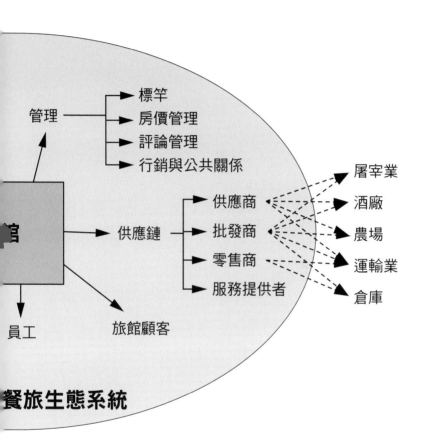

餐旅生態系統

餐旅生態次系統

　　餐旅業的智慧化主要促使內部營運資料的整合，建立與生態系統中的各利益關係人互相連結與互相操作的系統平台。如此垂直與水平的系統整合，得以促使餐旅企業於整個生態系統中，持續不斷交換資料、資訊，並且進而即時與有彈性地調整其經營管理與策略發展。如此一來，方才能提供更具有工業4.0、智慧化下追求的個人化、動態的、具敏捷性、且符合情境環境脈絡等的顧客服務體驗。通常，一個智慧餐旅系統架構中，由下往上包含三個層次：網絡層、雲端資料層、以及人工智慧層。網絡層中，所有生態系統中利益關係人的系統與裝置彼此互相整合與串聯。接續，將指定的資料傳送至上一個層次——雲端資料層，並在此層進行資料處理、彙整與儲存，以形成一個巨量資料庫於生態系統間進行共享。最後，透過人工智慧層中，具有人工智慧分析功能的決策支援系統進行決策分析，以進一步優化餐旅企業的內部管理，或透過行銷推廣裝置例如Beacon、社群媒體、通訊軟體等推播給目標消費者（Buhalis & Leung, 2018）。

　　至於工業4.0對於餐旅服務產業的優劣勢為何呢？優勢部分包括節省經濟成本、解決餐旅產業淡旺季人才需求落

差與勞動力不穩定的情況、提升營運管理與員工效率、強化顧客服務品質、提升供應鏈效率、營運管理數位化，並且帶來新的工作職位需求。不過，在缺點部分，包括再重新購置、導入、維護一批新的機器設備等，當然也會形成新的成本問題。另外，僅具有部分能力的員工或部分職位將失去於組織中生存的必要性，員工為了自身權益或不習慣新事物、不熟悉科技的學習等，也會產生抵制、不願意使用、或造成違規犯紀行為態度產生，例如把自助Check-in Kiosk電源插頭拔掉，並聲稱其壞掉了。不過，不管是優點或是缺點，新興智慧科技導入絕對需要包含組織、員工、科技系統觀點的考量。三者間需要緊密配合合作，方才有正面效益產生的可能性，例如原本存在的工作職位消失後，員工仍可以透過組織的教育訓練與自我提升學習等，轉化到新的工作職位，又或是在原始的工作上，使用人類智慧發揮更多創新創意的解決方案，提供優質、獨特、令顧客難忘的服務體驗等。畢竟，在餐旅環境中，講求的還是顧客服務體驗的感受與正面評價，能達到這方面層次提升的事情，都是餐旅企業管理者需要重視的部分。所以，在此我們也來看一下傳統的餐旅服務體驗與導入智

慧科技後的服務差別為何（如下表1-4）。

　　首先從創造房間舒適度來說，旅館傳統作法就是統一的房間設置、床、枕頭、棉被、燈光、溫度、氣味、迎賓水果等；不過，導入智慧科技後，個人化及彈性的服務體驗便能導入整個房間設置中，無論是旅客入住前或住宿期間，皆能進行房間的配置與變化。例如原本迎賓水果都是準備西瓜、芭樂、火龍果等三項，但是特定旅客每次都只吃火龍果，所以根據過往顧客關係管理資料，就僅為其準備火龍果，如此一來便能節省食物成本，同時顧客也能感受到旅館的用心，並且享用更多自己偏愛的火龍果。另外，房間裡頭的設施設備，也可以透過物聯網進行個人化的設定，像是顧客入房時，偏好20度的空調溫度、房間充滿著馬鞭草的清香、窗簾全開以便陽光灑進來與看見窗外景觀等情境時，便能為其設定專屬的進房模式，以顧客喜好的模式歡迎他，依此為顧客設置。另外，房務人員也可以透過智慧科技自動傳遞相關資訊，以確認旅客是否還在房間，是否處於可以打擾清掃的時間，以免驚擾顧客等。

　　接續，招呼歡迎詞的部分，傳統服務基本上都是以標準化的方式進行，除非是員工記得名字的老顧客，才會喊

出對方名字以示歡迎與打招呼；其他新顧客、團體客等，多半會以先生女士等不指名的方式稱呼顧客。雖然不會不禮貌，但如此便違背許多餐旅業自詡如同回到「家」一般的宗旨（畢竟家人應該記得你叫什麼名字，或是你的喜好）。所以，導入新型態智慧科技時，服務體驗可變得個性化，且讓顧客感受到歡迎無所不在。除了旅館餐廳內的員工都能用你的名字或是你習慣的方式稱呼你之外，你的手機應用程式在你抵達旅館前，也會依據定位與自動推播的功能，歡迎你的到來。

最後，在餐廳的部分，過往也都是標準的服務、桌椅、位置、稱呼、包廂的安排等；但是有了智慧科技的輔助後，便能達到個人化的安排，無論是稱呼上、飲食偏好上、位子安排上、餐桌布置上等。同時，餐廳若是在旅館內，入住期間也可以依據上述對於顧客的了解，推播相關的行銷資訊或問候資訊給顧客，也能提升顧客來訪消費的機會。

表1-4　不同餐旅體驗創造場景中，傳統服務與智慧科技導入後的服務作法上之比較

體驗創造場景	無科技（傳統）	智慧科技
房間舒適度	標準化統一的房間設置	顧客抵達房間前，根據其喜好進行個人化房間配置
		顧客入住期間隨時更新偏好
		員工可觀察顧客動態予以更新
招呼歡迎	標準化、全團體一起，或不指名的招呼	以顧客個人姓名或其喜歡的方式來稱呼與迎接他們
		顧客抵達前，就能在旅館的應用程式上接收到歡迎詞
餐廳相關	標準化的服務、桌椅、稱呼、包廂	以顧客個人姓名或其喜歡的方式來稱呼、問候、迎接他們
		全部員工都能得知顧客的個人餐飲偏好
		入住期間，能夠依照顧客的偏好與喜好更新餐飲相關動態與消息

翻譯與修改自 Neuhofer、Buhalis 與 Ladkin（2015）

　　沒有數位化是不可能形成智慧化，智慧服務的形成必不可少的基礎是數位服務。因此，接續的〈探索餐旅體驗中的智慧服務〉章節中，讀者仍然會看到純數位的餐旅服務於其中，畢竟它們是形成智慧服務生態系的要角之一。

第二篇
探索餐旅體驗中的智慧服務

Experience is an expensive lesson but only this way you can learn something.

經驗／體驗是堂昂貴的課程，但它是你成長的唯一途徑。

By Benjamin Franklin 班傑明‧富蘭克林

　　Joseph Pine II 與 James H. Gilmore（1998）提出「體驗經濟」是一個接續在農業、工業、服務業後新的經濟型態。的確，20餘年過去後，市面上販賣的商品也從貨物、商品、服務，轉往處處講求「體驗」的販售。很多新的商品，也不再只是價格上的數字考量，更多的是價值上的購買。就像他們在書中舉例的星巴克一樣，從一袋一袋咖啡豆的販售、咖啡商品的販售、手沖烹煮好的咖啡，直到講究整個購買前、購買過程中、以及購買後，整體和這個咖啡品牌間各式各樣服務接觸點的互動、整趟流程的完整性、消費者情緒認知的感受、以及最後留下的回憶等等，那整段體驗所帶來的價值。

　　體驗經濟下，時間上的消費也從上個階段透過服務帶來便利、節省時間，轉化成為能讓顧客在與自身品牌互動的體驗裡花時間，並且是正面的、情願的、覺得值得的花時間。顧客越想在你的企業裡花時間越好，因為花越多的時間、投入越多情緒與認知，感受才會越深刻，當然也才越有留下正面且難忘回憶的可能性。

　　所以，在體驗經濟下，過往舊式低價競爭的經營模式並不適用，唯有創新體驗才能達到創造顧客難忘回憶的可

能性。因為依照人的習性來說，看久會膩、會習慣，體驗不同的感受，比較能產生出一種新的記憶。

因此，本章節開始帶領讀者透過一段餐旅體驗，來探索智慧化如何被應用。為了解智慧服務，我們就以消費者觀點，透過餐旅體驗旅程探索智慧服務，並且一併挖掘其他相輔相成的數位或電子化服務，以利讀者對形塑智慧餐旅系統的各項元素，建構一粗略的架構。

一、體驗旅程

　　當然，如同上述內容所提，智慧服務涵蓋範疇主要囊括虛擬與實體，無論是實際接受服務前後與過程中，整段都是構成整體智慧服務體驗的重要功臣。因為 Experience 是體驗，同時也是人的經驗。所以，過往體驗就會成為你現在的經驗，影響到你當下的體驗以及未來的體驗。企業可控制的服務接觸點，多半僅限於與企業相關的那一部分，也就是當前的顧客體驗階段的內容（當然這也形成同一個旅客下一次的「過去的經驗」，或是對其他旅客的口耳相傳的內容、網路評價等等）。最後，無論是過去、現在、未來哪一個時間點，也都涵蓋前、中、後三個體驗的階段（詳見圖2-1）。因此，顧客體驗旅程中結合多重接觸點與多段時間，並且過往累積的經驗，成為評價當下體驗的重要依據，不斷循環下去。

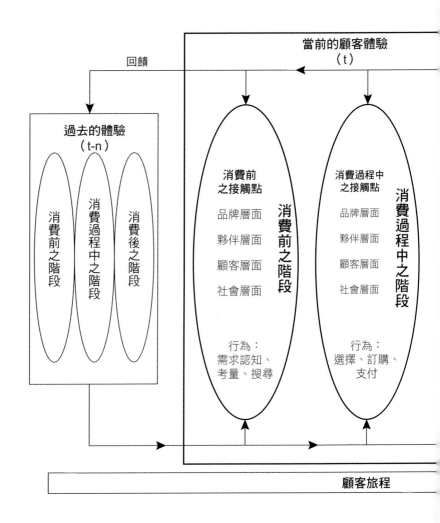

圖2-1　顧客體驗旅程

翻譯自Lemon與Verhoef（2016）

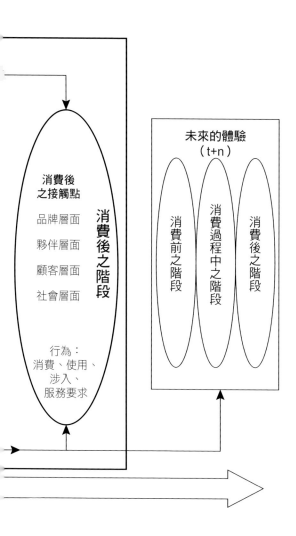

接續，我們進一步來看餐廳與旅館的體驗流程。像是餐廳服務體驗流程的前中後體驗，包括體驗前的地區、種類、餐廳、餐點等等的決策制定，最後預約；體驗中，就包括抵達餐廳、用餐期間、付款與離開；最後就是體驗後的回饋或相關延續的客服或是再行銷等。

另外，旅館服務體驗流程部分，包括體驗前的決策制定、預約；體驗過程中的抵達與辦理入住手續、住宿期間、辦理退房手續並離開；最後，就是體驗後的住宿體驗的回饋、進一步後續事件的客服、或再行銷等。所以，接續我們即將把餐旅體驗分成三階段：前、中、後，並且參考上述分項，呈現餐旅服務體驗現況以及未來可行的作法，來體現智慧服務的內涵。

雖然在上一章節最後一段已經提過，但在此還是得再次強調。智慧服務處於發展階段中，畢竟從數位化階段就已有許多產業並未跟上進度。即便歷經COVID-19的衝擊下，各行各業的資訊化、數位化程度已有大幅成長，然而要達到數位轉型、自動化、智慧化，仍是有段距離。所以，接續透過餐旅體驗進行智慧服務的展示時，仍會看到許多數位化服務的展現。不過，數位本來就是強調虛實整

合的智慧化中的虛，不可能單獨將其抽離，而且沒有這些虛，也很難促進後端的實得以更有智慧。因此，後續的內容中，將分享從餐旅體驗的體驗前、體驗中、體驗後三階段裡，資通訊科技與雙智慧Intelligence ＋ Smartness共同展現出來智慧服務。

二、餐旅體驗前

（一）資訊搜尋

如同前面所提，隨著資訊時代、網路盛行後，官方網站絕對是體驗前重要的服務接觸點，其使用者介面設計，就是影響體驗的重要環節。尤其，當今在消費者隨時切換電腦、平板、手機的情況下，響應式網頁設計（Responsive Web Design，RWD）就會是強化顧客初次接觸企業時印象的重要功能（如圖2-2）。除了旅館、餐廳本身的官方網站，其他延伸出來的官方社群媒體平台或通訊軟體，包括Facebook、Instagram、Twitter、YouTube、

LINE、WeChat等等，也都能創造更多與消費者互動且即時的交流（如圖2-3）。

企業可以收集顧客在網路上的各式各樣活動，包括社群媒體、論壇、線上購物等資料，並進一步了解、分析、發現潛在顧客的偏好，以利推播更具符合特定顧客偏好的商品組合給顧客。而且，透過精準行銷方式，於網路通路上的廣告欄位重複推播，刺激顧客的記憶以及下單欲望。

圖2-2　響應式網站的設計，呼應現代人的資訊設備使用習慣

圖2-3　透過消費者社群媒體的使用資料，可以掌握其偏好，藉此推薦適合他的商品服務組合

　　另外，呼應當代消費者如打字多過於打電話的習慣，透過社群媒體平台的訊息功能，消費者就可諮詢甚至下訂單等等，以提供消費者符合其個人偏好的服務模式。當然，除了真人「小編」的回應外，因為Q&A的內容多半具有一定的規律與固定模式可循，因此就如同上述提及服務業的人工智慧中，比較偏向機械化的思考與行為，可以導入聊天機器人以提供服務，此舉已成為許多餐旅企業引入以減緩人力工作量的重點智慧服務項目。而且，對於消費者而言，無須一一去辨識網站上的架構、查詢多個功能選項中的內容，來找尋自己要的內容位置。他們只要詢問聊天機器人，便可滿足需求。同樣，若真的無法透過機器人之處，企業的員工再進一步接手回應，如此一來便形成一種更快速滿足潛在顧客需求，同時又節省組織勞動力的雙贏結果（如圖2-4、2-5）。

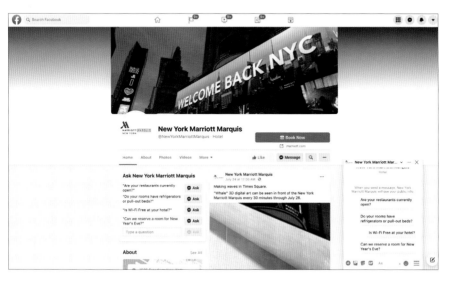

圖2-4　New York Marriott Marquis 客服機器人

擷圖自 New York Marriott Marquis 官方Facebook

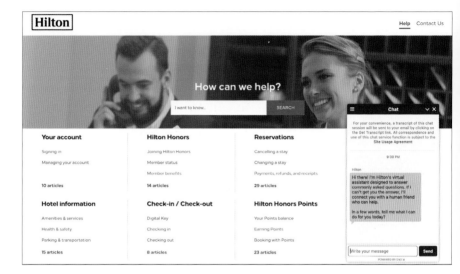

圖2-5　Hilton Hotel客服機器人
擷圖自Hilton Hotel 官方網站

另一方面，如同上面所有提及官方的社群媒體外，也有許多個人或是特定以旅遊、餐旅體驗為主軸的評論平台的出現（如圖2-6）。在這些地方，你會看到各式來自消費者的體驗分享。有些要求顧客需有真實的消費，並於體驗後才能進行評價（例如Booking.com，你需要在上面訂房並確實入住後，你會在入住一段時間後，收到填寫評論的邀請）；當然也有無需確認填寫者的消費體驗記錄，即可填寫的評論形式（例如Google Map上的評論）（如圖2-7）。不過，無論評論的形式是哪一種，這都儼然成為當今旅客旅遊規劃前，重要的資料搜尋來源。畢竟，由消費者分享真實消費體驗，可能會比企業官網的宣傳文案來得更真實、更有可信度。

圖2-6　Tripadvisor 是全球最大的旅遊資訊提供與評論平台，其網站和 APP覆蓋超過859萬個餐旅相關企業的內容，以及超過7.95億個評論和意見，提供消費者進行事前行程規劃時豐富的參考資訊

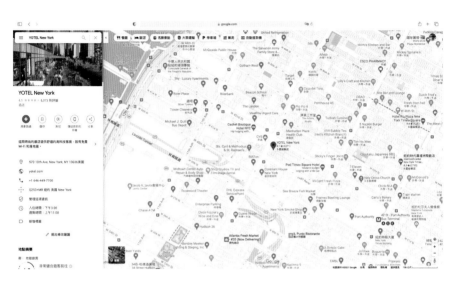

圖 2-7　點選 Google Map 上有興趣的企業商家或地點等，可以看到眾人
給予的評分並且觀看他人的評價留言

擷圖自 Google Map

　　提到消費者產出的評論，當然也得提一下使用者生成內容（User-Generated Content，UGC）的概念，畢竟這早已成為新時代資訊來源的一環，也促成更多消費者體驗的資料生成。不管是早期以文字敘述為主的部落客Blogger或是近期以影音記錄為主的Vlogger、YouTuber、Podcaster等，都形成許多餐旅資訊搜尋來源之一。畢竟這就是一個服務接觸點，上述來源的資訊內容都將形塑消費者體驗前對企業的第一印象。

　　所以，當今眾多國際知名餐旅企業，對於網路上任何與自身企業品牌相關的評論與內容都會特別注意，透過自動化的網路爬蟲（web crawler）予以監測。若有負面的評論與消息出現，系統會自動警示並告知來源，以利企業進行公關處理或是服務補救等等危機處理。畢竟，在資訊更容易散播的網路時代，維護品牌聲譽的各項措施，考驗企業反應的敏捷性，必須在負面消息大量散播前，先行止血。

　　由工業3.0帶動的e化，形成大量線上旅遊交易平台（Online Travel Agents，OTAs），而OTAs也是眾多資訊收集、比較等，並能進一步下訂的管道。另外，共享經濟下的airbnb（如圖2-8），不只涵蓋顧客對於民宿的評論外，

民宿主人也能對顧客進行評論（因為其實前述平台所提的單向評論，係有資訊偏差邏輯的存在。畢竟，每個顧客的個人特質、教育背景、專業程度、情緒狀態等不同，評論出來的內容會有很大的差異）。因此，在如此顧客及民宿主任人互相的評論下，背景平台便會提供更多資訊，讓顧客決定是否選擇這個民宿，以及讓民宿主人決定是否選擇這個客人。畢竟，民宿體驗中，除了與實體的住宿環境互動外，還有更多與民宿主人和在地環境間的互動，以強調達到價值共創的境界。所以，像是airbnb的平台因為資訊收集得更加完整，透過其廣泛的資料，且包括不同面向的資訊，例如接待過的旅客類型、民宿主任與顧客的評價、旅客挑選的住宿類型、在意的因素等，無論是量化或是質性資料，接續都能自動化地分析出一些洞見，以作為創造出後續更有個人化體驗設計的依據。

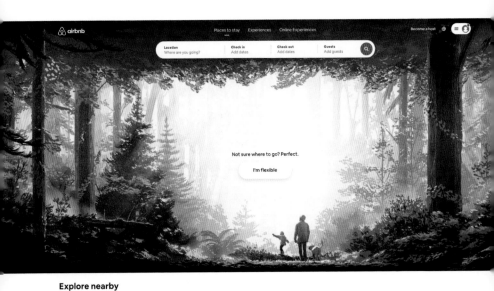

圖2-8　airbnb平台提供住宿與體驗的供需媒合平台，現在還有不用出門，就能在家經歷各式各樣體驗的線上體驗的活動媒合功能

圖片擷取自 https://www.airbnb.com/

　　除了「傳統」的文字、影音資訊的搜尋以及資料搜集外，因應近年COVID-19的緣故，過往常常是消費者進行旅遊決策前的重要管道——會展也升級了。運用線上方式辦展，許多不是單以「網站」陳列資訊方式呈現，而是透過360°全景或3D虛擬展會方式，模擬會展場景，讓消費者從遠端來逛展。例如像是韓國為2020東京奧運推出「Team Korea House」虛擬展覽網站（如圖2-9與網站2-1），便透過虛擬數位環境的營造，讓消費者在家中體驗韓國的體育、文化與旅遊等。

　　如此線上數位虛擬展會的方式，消費者在家透過電腦便能輕鬆逛展。尤其，多數展會多半資訊接受感官以視覺與聽覺為主，如此的展會辦理方式，有別過往在旅展現場人擠人、吵雜聲、排隊等造成感受不悅的負面刺激，讓人更聚焦於自己有興趣的展館、景點與相關資訊上，讓觀展過程更投入。而且，若參展商顧及更多展覽內容的體驗與細節環節設計，以及強化互動性與強化消費者行動的流程設計外，或許將更勝過往的展會效益。尤其，展期能從有日期與時間的限制，轉化成為24小時，全年無休，更能提供給更多有興趣但過往因時間受限而無法前往會場的消費者觀展的機會。

圖2-9　Team Korea House的K-Travel虛擬展區，可透過數位虛擬了解韓國旅遊亮點

https://vr.miceview.kr/ZR029/hall3-en.html

於2021/9/17擷圖

網站QR Code

網站2-1　韓國於2020東京奧運推出「Team Korea House」虛擬展覽網站

Tokyo Olympics 2020-Team Korea House

https://vr.miceview.kr/ZR029/index-en.html

另外，有別傳統刻意取景拍得特別美的旅遊、旅館、餐廳照片，透過360°全景影像來檢視整個餐旅企業場景、或旅遊景點等，相對可以獲得更多的資訊或是更真實、沒有只取比較美的拍攝角度所產生與現實有極大落差的問題。再者，透過線上這些360°照片或影片，先行體驗特定的景點，以作為前端進行決策時，更豐富資訊的來源。而且，甚至可以先行體驗許多難得一見的景象或受限於特定時間的景緻等等，例如極光、莫斯科的新年等（如網站2-2）。最後，也可以透過全景360°的技術，對於自己有興趣的餐旅企業，觀察更直觀、真實的影像，不論是旅館、餐廳的外部環境，又或是內部環境等（如圖2-10、2-11、2-12），以利進行前端的規劃。

網站QR Code

網站2-2　AirPano中，可以透過360°全景照片與影片體驗世界知名景點

AirPano

https://www.airpano.com/

圖 2-10　Google Street View & 360° 旅館外觀

擷圖自 Google Map

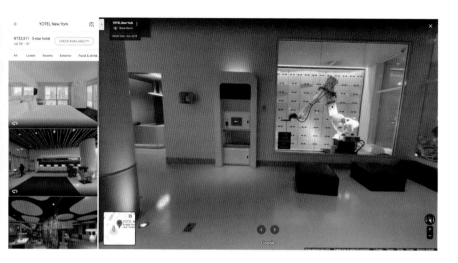

圖2-11　Google Street View & 360°旅館大廳景觀

擷圖自Google Map

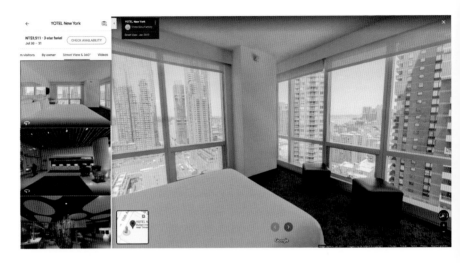

圖2-12　Google Street View & 360° 旅館房間對外景觀
擷圖自 Google Map

當然，除了360°環境影像外，透過VR的技術與裝置創造出更沉浸式體驗，除了接收資訊外，也增加更多搶先體驗的感受。所以，如同前端所提，透過VR的3D建模製作讓消費者先行體驗即將開幕的環境氛圍，又或是透過VR 3D且360°全景影像進行真實環境上的體驗時，消費者可以更進一步看得更清楚，並且沉浸其中時，更能檢視自己受到這樣的影像刺激時，心中有沒有出現愉悅感受，或是符不符合自己的美感等，來做更完整的判斷。當然VR的裝置部分，目前若以接受資訊或是簡單的互動式為主的VR體驗，可以使用智慧型手機播放，並且置入比較平價、簡易式的VR眼鏡來觀看（如圖2-13）即可；但是，若是強調更高階的影音效果與互動內容的話，多半目前仍是以連接電腦主機的VR頭戴式顯示器為主（如圖2-14）。

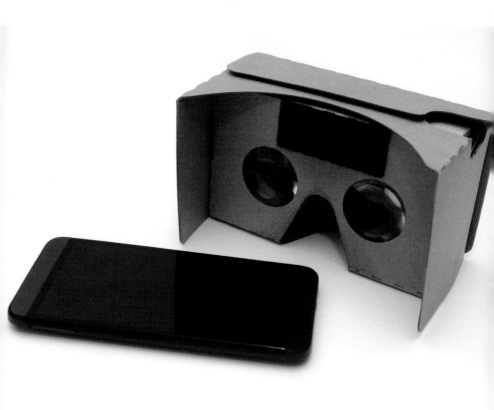

圖2-13　以智慧型手機為內容來源的VR眼鏡

圖2-14 以電腦為內容來源的VR頭戴式顯示器

　　目前已經有許多餐旅企業紛紛推出VR內容，提供消費者先行體驗，感受一下。不管是旅館住宿體驗（如影片2-1及影片2-2）或是航空搭乘體驗（如圖2-15及影片2-3）。這些VR體驗內容不但提供潛在消費者更多的體驗前的資訊搜集與判斷的功能外，顧客於體驗後也可以再一次扮演刺激美好回憶，讓消費者再一次成為顧客進行消費的重要行銷工具。

影片 QR Code

影片 2-1　Marriott Hotel 讓消費者先行體驗即將開幕旅館的 VR

YouTube：Welcome to the Future of Hotels | Marriott Hotels

https://www.youtube.com/watch?v=la2ylMbXejw

影片 QR Code

影片 2-2　Novotel Hotels 的 VR 客房（可使用手機開啟並轉換成為 3D 模式，並使用 VR 眼鏡觀看）

YouTube：Experience | N'Room in VR | Novotel Hotels

https://www.youtube.com/watch?v=54wxpXIWAXk

圖 2-15　飛機的 VR 虛擬實境體驗

影片QR Code

影片2-3　長榮航空客艙的虛擬實境體驗（可使用手機開啟並轉換成為3D模式，並使用VR眼鏡觀看）

YouTube：長榮航空波音777-300ER 客艙3D虛擬實境──中文版

https://www.youtube.com/watch?v=xoj6BzhV--U

　　最後，透過潛在消費者對於影像的眼動追蹤（eye-tracking）（如圖2-16）、熱度圖（heat map）等分析，也更能找到他們更直觀的偏好與習性，企業就能推播更符合消費者喜好的資訊給對方，進而提升訂單成交程度。甚至成為後續顧客來到企業進行實體消費時，提供更具個人化體驗、服務的資料來源。

圖2-16　透過眼動追蹤的技術掌握消費者的偏好

（二）訂房

　　當消費者完成資訊搜集、分析後，就到準備下訂單的時候。不管是旅館或航空公司等，現在許多的官網都有結合訂房、訂機票的服務。不過，許多整合型的OTAs網站，一次提供更多航程、旅館、行程等選擇與資訊，讓消費者便於進行比較（如圖2-17）。再加上Skyscanner、Trivago、Google Map（如圖2-18）等元搜尋引擎（meta search engine），讓消費者在選擇特定的餐旅商品後，有更便利的比價方式以做最後的決定。

圖2-17　透過線上訂房平台，一次就可以有許多設定的目的地旅館可以進行比較與選擇

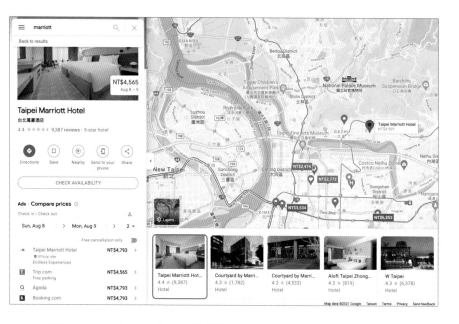

圖2-18　Google Map 的元搜尋引擎
圖片擷取自 Google Map

　　不過，當然消費者在大多數的餐旅企業的官網，會有更細緻的選項及更豐富的商品進行選擇與購買，包括房間能觀賞的景觀類型、床位類型、邊間與否、枕頭軟硬程度、迎賓禮內容等。而且，有些屬於會員專屬的優惠甚至延伸的服務等，也只能在官網購買才能獲得（如圖2-19）。其實如同本書不斷提及工業4.0下系統整合的重要性，當消費者在特定的地方進行各式各樣的行動時，例如透過顧客在官網向聊天機器人問答所獲得的文字資料，便可留存下來進行自動化的文字分析，來持續監控與管理整個顧客關係的內容。

　　如此一來，掌握消費者習性，提供更具有個人化體驗的智慧服務，便能更容易達成。像是Marriott集團的Bonvoy App整合全球訂房、住房、會員等級所需相關的資訊與旅遊服務，讓顧客可以透過一站式裝置得到多元服務，創造顧客即時性服務與高品質的住宿體驗與反饋（如圖2-20）。

圖2-19　透過會員制度進行企業顧客關係管理

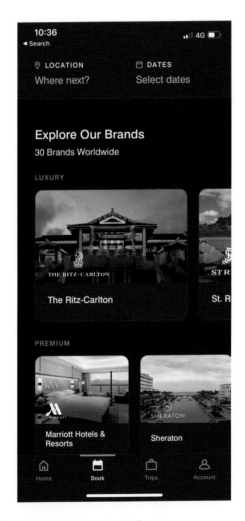

圖2-20　運用 Marriott Bonvoy App 訂房
擷圖自 Marriott Bonvoy App

另外，隨著電子商務的需求大增、電腦技術的進步等，過往許多線上消費都會要求會員註冊、資料填寫等重複與瑣碎的事項。不過，現在許多網站應用程式介面（Application Programming Interface，API）進行串接，所以很多網站已經透過與Facebook、Twitter等串接，消費者只需要用其他社群媒體帳戶登入，便能自動移轉資料到新網站的資料庫中，簡化一而再，再而三的會員註冊手續。

　　另外，瀏覽器的自動填寫表單（Autofill）功能，也可以記錄過往填寫的內容。當下一次又需要填寫相同欄位時，便能自動帶入，以節省重複填寫的時間。再者，隨著電腦視覺技術及OCR技術純熟後，一些證件、信用卡等機密資訊，可透過拍照與文字識別，亦有利於自動辨識與自動填寫相關所需資料（如圖2-21）。

圖2-21　利用OCR的技術，很多紙本的資料或是證件，都可以透過拍照
直接轉換成文字的檔案，甚至進一步自動化地填入對應需求的表格中

最後，有些團體的行程會進行行前說明會。因 COVID-19，相信更多人對於線上會議的進行方式更熟悉，所以透過線上的方式進行，不但能把線上會議錄製下來，以利後續傳送給每位團員、方便大家得以重新複習或是給予無法出席會議的團員，同時也可以再一次累積顧客的偏好資料，並透過更多元應用的數位資料的呈現讓說明會更精彩，同時也減少紙本的使用與浪費，為促進環境永續盡一份心力（圖2-22）。

圖2-22　線上會議的方式提供更有彈性，且有另一次的服務接觸體驗與
資料收集的機會

三、餐旅體驗過程中

（一）抵達旅遊目的地

　　過往可能比較少見，但隨著COVID-19疫情關係，接續赴他國旅遊、抵達旅遊目的地時，出示自身疫苗接種情況等相關健康證明，將成為重要檢查的個人資訊之一。而且，出入境各國、或是出入境各式場所、組織等，使用智慧型手機便能輕易顯示的數位化健康證明，會比容易遺失、無法即時更新的紙本證明更便利且更有效率（圖2-23）。

圖2-23　數位化的健康護照證明，讓個體出入境各國、進出各個場域的
檢驗，更加效率

　　再者，使用不同語言國家進行溝通這方面，隨著近年人工智慧的發展、自然語言處理技術能力的提升等，透過即時翻譯軟體或是裝置來進行溝通，已經變得更加有效率。像是Microsoft Translator已經可以達到即時同步翻譯溝通，例如需要與使用英語的人溝通時，便能使用此一App，當你用中文講完你要表達的話時，App便同時翻譯出英文文字，以及同步透過裝置播放該句話的英文，以進行溝通。所以，透過當代的即時翻譯軟體與高品質收發音效果的裝置，語言已經越來越不是出外旅遊與人溝通時的重大阻礙了（如圖2-24）。

圖2-24　透過翻譯的App，已經可以達到即時翻譯的效果
擷圖自 Microsoft Translator App

　　再者，伴隨全球各先進城市紛紛開始建立智慧城市，無人駕駛的大眾交通運輸工具也是重點導入的項目之一。因此具備連結高速網路、具有視覺辨識、感測器監測、自動化控制等功能的無人自駕巴士，必定是智慧城市生態系的一環，也促使旅客的交通運輸、旅程更加便捷，而且更精準地前往目的地（如圖2-25）。

圖2-25　無人巴士沿著路線行駛，並且能偵測環境調整行進速度

尋找目的地時，透過智慧型手機全球定位系統（Global Positioning System，GPS）的定位服務，人工智慧的距離計算、AR的技術導入後，便能更便利、精準、直覺性地找到自己想要前往的目的地。尤其在人生地不熟的地方，有更精準的智慧科技輔助，讓你能更加放鬆沉浸享受在旅途中（圖2-26）。

圖 2-26　透過 AR 導航前往目的地

（二）辦理旅館入住手續

目前因應COVID-19疫情的安全問題，現行多數的企業都會採用多功能感測器於入門處（如圖2-27），因此若在相同的鏡頭裝置上，連結旅館顧客關係管理系統與資料庫，透過人臉辨識的功能，將住客資訊發送到旅館各單位與裝置。接續，無論是服務人員或服務機器人見到顧客時，便能即時以顧客偏好之方式稱呼他／她，此舉必能讓顧客進門後創造出正面的第一印象，並且產生愉悅的情緒（如圖2-28）。

另外，當人力充足時，旅館可在大廳安排人力迎接賓客；但是繁忙與人手不足時，如此能創造溫馨接待的感受，就被省略了。因此，現行透過服務機器人於旅館大廳迎賓，包括像是打招呼、發送迎賓禮、飲料等舉動（圖2-29），可以讓顧客獲得溫馨、新奇、趣味的感受。若遇尖峰時段，人潮過多導致排隊時，服務機器人也可以趁這段時間，與顧客互動或提供顧客詢問資訊的服務，以減緩顧客排隊等待不悅的情緒感受。

像是日本Softbank推出的接待機器人Pepper，憑藉著

可愛的外表，吸引著許多旅客一進門就被它吸引過去、和它互動，並且詢問許多資訊與消息（如圖2-30）（不過根據Reuters 2021年6月29日新聞，Softbank已停止生產Pepper，並將重心轉移至清潔機器人上）。

圖2-27　先透過鏡頭進行身體狀況檢測

圖2-28　鏡頭若能強化其人臉辨識功能來辨識顧客，顧客進門後，所有工作人員與服務機器人都能以更個人化的方式向顧客打招呼，必能讓顧客感受特別有溫度

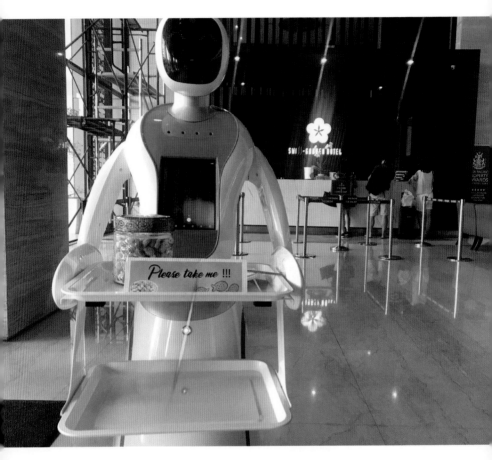

圖2-29　機器人於旅館大廳分送餅乾歡迎來訪貴賓

圖2-30　機器人於前台與顧客互動

　　隨著科技進步，進入旅館辦理入住手續的部分，若餐旅企業已整合雲端運算技術，並且結合 App 或是相關系統功能，顧客便可在任何地點辦理旅館的入住手續。甚至，當住客還在天上飛行時，便能提前辦理。而且，提早辦理完入住手續後，當房間已清理完畢並準備好，便能收到通知，提早入房休息。相對以往定點定時的入住程序與規定，會更加彈性與人性化。上述功能便能滿足疫情期間，人心惶惶所形成的一種新需求——無接觸式辦理入住手續，並創造出無縫體驗（如影片2-4）。

圖2-31　虛擬助理通知旅客即將入住

影片 QR Code

影片2-4　透過 Marriott Bonvoy App 直接可

以在任何地方使用手機辦理入住手續

YouTube：The Marriott Bonvoy App--check in

from anywhere with Mobile Check-in.

https://www.youtube.com/

watch?v=zE0fuBLTKks&list=PLu_

CKZK3SEq9VBHIk1H2a0KI-TJHJMDzB&index=4

　　除了上述透過智慧型手機提前辦理入住手續外，現在旅館除了還是有服務人員協助辦理，也可以透過Kiosk（如圖2-32）或機器人接待員辦理（如圖2-33、2-34）。應用自動化、智慧化方式提供多元辦理入住手續的程序與方式，除了帶給顧客更多選擇外，同時能降低企業人力安排過剩、顧客排隊時間成本等情況的發生。

　　另外，若是旅館企業的系統裝置間有完善的整合，連結其顧客關係管理與智慧推薦的功能，便能在此一階段推動向上銷售（up-selling）。若顧客過往資料分析顯示出喜歡參與跳舞及音樂相關活動時，便能趁此機會銷售相關組合套票，又或是透過住客住房習性，推薦升等另一個更符合需求的房間等等，以創造旅館更大的收益與顧客更佳的體驗。

圖2-32　旅館Kiosk

圖2-33　日本変なホテル中機器人接待員

圖2-34　日本変なホテル中恐龍造型機器人接待員

　　隨著智慧科技的發展，過往當突然湧入大量顧客，造成瞬間忙碌情況時，都需要仰賴人員觀察，多重關卡通報調度後，支援人手才能緩緩到來。但是人工智慧的電腦視覺於鏡頭感測，並且進行影像分析後，便可立即自動通知事前安排好的人員進行協助；又或是當鏡頭感測到顧客於操作機器辦理入住與退房時遇到困難，亦可以自動地指派人員前往輔助，以強化整體效率。再加上，當這些全天的計數與分析資料上傳雲端後，管理者亦可於當下及事後掌握相關資訊，以提升管理力度（如圖2-35）。

圖2-35　旅館導入具有電腦視覺功能運作的大廳攝影機,便可以透過視訊分析,於旅客需要幫助時通知旅館人員前往幫忙

　　有時住客提早抵達旅館完成入住手續後，但又無法進房休息時，寄放體積龐大、厚重的行李，成為他們當下非常重要的任務。過往，仰賴行李員拖拉到特定的空間寄放，又或是當數量太多時，就會堆放在大廳角落空間。如此方法也是很耗費勞力、且有出錯的可能性。現今已有許多旅館透過機器手臂寄存，除了節省人力外，親眼看著自己的行李被存放於特定的置物櫃內，也讓顧客加安心（如影片2-5）。

影片 QR Code

影片 2-5　機器手臂寄存行李

YouTube：ABB IRB 6700 六軸工業機器人存提行李 @ 鵲絲旅店 CHASE Walker Hotel

https://www.youtube.com/watch?v=2a7BoS2YPTU

　　講到行李，另一種行李搬運進入房間的部分，過去也是仰賴行李員不斷重複往返大廳、電梯、房間的流程，絕對是耗時、耗力的一份工作。現在，透過機器人搬運顧客行李，行李員可以更輕鬆，並且專注於接待住客、回應其需求，又或是指引顧客前往其房間，或前往特定的位置，讓顧客不會像是無頭蒼蠅般到處亂走，而產生負面情緒（如影片2-6、圖2-36）。

影片QR Code

影片2-6　機器人擔任運送行李與客房服務的工作

YouTube：SoCal Sheraton has team of robots toting luggage, room service

https://www.youtube.com/watch?v=3UocPyKkmuM

圖2-36　引導顧客前往房間的服務機器人

（三）房間

打開房門當然也是餐旅體驗中，重要的一個服務接觸點。各式各樣的房門開鎖的方式仍存在於現行旅館中，像是過往最常見的鑰匙、門卡等。但其實這對於住客來說都是增加一個「負擔」在身上，你必須保管好，免得無法進入家門。不過，像是之前所提的Marriott Bonvoy App，當一切辦理入住手續完成後，住客的智慧型手機就變成開門的電子鑰匙。如此作法下，旅館無須額外的鑰匙或製作房卡的成本，住客也無須隨身攜帶、保管著它們，造成心理上的負擔與壓力（如圖2-37、影片2-7）。

圖2-37　以智慧型手機作為房間鑰匙

影片QR Code

影片2-7　透過Marriott Bonvoy App 直接可以開啟你的房門

YouTube：The Marriott Bonvoy App--unlock your door with Mobile Key

https://www.youtube.com/watch?v=0mGhDL9UYqw

　　當然，鑰匙、房卡、手機還是都有可能遺失，但是臉要遺失的機率應該就很低了吧！透過人臉辨識，進行身分驗證來開門就更加便利與有效率（如圖2-38）。辨識完，門就打開，住客便能輕鬆自在地走進房門。如此無接觸式開門的解決方案，讓住客不必像以前那樣提著大包小包行李時，還要先放下所有行李，空下一隻手來拿鑰匙、拿手機開門；而且開門後，還要先伸出一隻腳擋住門，然後再伸長手，去把剛放下的大包小包重新拾起時，身體呈現奇怪形狀的窘狀。因此，旅館提供如此的智慧產品融合與服務中，不就創造出更有價值且符合住客需求的新體驗嗎？

圖2-38　透過門鎖鏡頭進行人臉辨識來開房門

接續，進入房間後，具有智慧化考量的房間，基本就如同前述提及像是智慧家庭等，多數房間裡有的設施設備都已經依照物聯網技術予以整合連結起來（如圖2-39），再加上智慧化不斷強調的個人化特徵，基本上房間內的窗簾、空間溼度、溫度、燈光、音樂、氣味、電子畫框上的畫等，都應該已經是屬於特定顧客偏好的狀態。

　　透過物聯網的技術整合，運用對應的軟體控制，住客就可以很彈性地應用其智慧型手機的App，或透過語音對話下指令的智慧音箱（例如：國際各大知名連鎖旅館，使用的犀動科技旅宿業虛擬語音助理小美犀），來操控房間內各式各樣的設施設備，甚至也可以應用各種套裝模式，同時這些進一步的個人化使用偏好，也會被記錄下來，以即時呼應與提供顧客的需求，讓個人化服務體驗的提供更加精準。

圖2-39　透過物聯網的技術，讓住客可以透過手機App來操控房間各式各樣的設備

　　當然，其他房間內的設施，隨著時代的改變，住客的習慣也會隨之改變。許多設備功能上的增減，旅館也是需要隨著改變。旅館的電視除了傳統自有頻道、隨選視訊（Video-on-Demand，VOD）、及有線電視節目頻道外，隨著串流平台的興起，當代已有許多人每天主要觀賞的電視節目，變成隨其興趣想法選擇的類型為主，例如YouTube或Netflix，又或是其他新興的串流平台如Disney+、Amazon Prime Video等。所以，住客需要可以輕鬆透過旅館電視內建連結，與投放住客個人裝置螢幕之設備或是如Chromecast的串流媒體裝置，將個人欲觀賞的內容從自身的裝置投放至電視上（圖2-40）。另外，如同前述所提，像是畫框式的電視，可以在住客不看電視時，發揮裝飾品的作用，呈現住客喜歡的畫作，讓整體房間氛圍提升（圖2-41）。

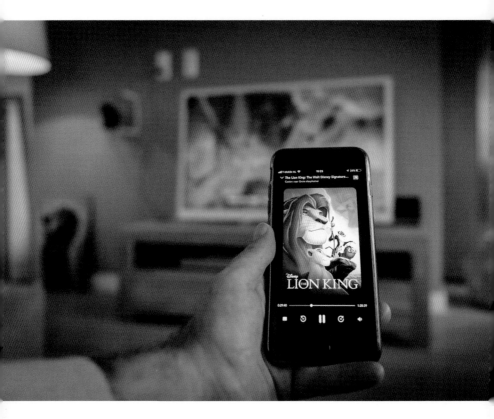

圖2-40　顧客可以透過自己訂閱的串流平台，連接房間螢幕投射自己想看的內容

圖2-41　三星 The Frame 美學電視的設計就像是一幅畫一般，當然也可以將對應合適的畫作於此電視投放出來，因此就可以按照顧客偏好，透過藝術作品妝點他的個人房間

擷圖自 https://www.samsung.com/

其他房間內的設施，包括像是連接物聯網的冰箱，有利於自動檢視目前冰箱庫存，以利補貨與自動扣款等效果；能夠自動偵測備品、衛生、潮溼程度等的智慧浴室；能透過互動型型態，提供住客包括電子郵件、運動、天氣等資訊，同時也可以延伸提供住客健康狀態並給予行程的建議等等的智慧鏡子（Smart Mirror）（如圖 2-42）。

另外，能為衣服進行殺菌、除臭、除塵、乾衣、祛皺的智慧衣櫥，對於許多商務旅客來說也是很重要的設備，能夠提供部分洗衣房的功能，讓住客更能彈性地處理自己衣服（如圖 2-43）。

圖2-42　旅館房間裡的智慧鏡子,可以提供房客的健康狀況、今日新聞、以及氣象資訊等等

圖2-43　智慧衣櫥為衣服殺菌、除臭、除塵、乾衣、祛皺

床應該是旅館商品中的重點項目，住客睡得好不好，將強烈影響其隔日的活動（圖2-44）。不過，床是一個很難調整的設備，畢竟它體積大又重，所以旅館多半能提供的就是不同的枕頭，或不同的棉被來滿足個人需求。但是，若是同床的人的需求不同時，該怎麼辦呢？其實每個個體的差異是很大的。隨著科技的發展，開始也有能應用於床的智慧科技。智慧床墊能因應同床上的不同人具有差異的需求，進行調整。

　　例如雙人床每一側皆能調整軟硬程度，甚至因應每個人睡眠時智慧床墊感測到的動作，自動調整不同邊的軟硬程度等。另外，每個住客的身體狀況以及當天情況不同，睡眠時的體溫也不盡然相同。因此，智慧床墊亦能吸收多餘的熱量，並於睡在上頭的住客體溫較冷時再釋放熱量，透過表面溫度的平衡，讓兩個不同體質狀態的住客，都能在同一張床上一夜好眠。

　　當然，前端的睡眠品質偵測所獲得的資料，包括睡眠品質監測、睡眠時間和睡眠與清醒週期的監測、住客平均心率、呼吸、動作、以及其所處環境（包括溫度、溼度、空氣品量、噪音音量、亮度等），加上歷史記錄以及

與住客本身其他智慧裝置各樣相關資料的連動，皆能提供帶動硬體做出符合住客個人化變動的決定。對於智慧床墊有興趣的讀者，可以進一步去眾多旅館使用的床墊品牌SLEEP NUMBER的官方網站（https://www.sleepnumber.com/）中，觀看旗下Sleep Number 360® Smart Bed系列的商品介紹與影片，或是Eight Sleep官方網站（https://www.eightsleep.com/）的Pod Pro床墊。

圖2-44　旅館中床的品質非常重要，但通常也是比較難以調整的一環

　　當然，房間內的設施、設備，可能無法滿足顧客，所以旅館提供的客房服務（Room Service），便能提供更多的商品與服務，讓住客住宿體驗更加完善。過往客房服務通常仰賴打電話的方式進行，但隨著資通訊科技的進步、人工智慧的導入，透過文字輸入的聊天機器人（如影片2-8），又或是語音輸入方式（例如：虛擬語音助理小美犀）（如圖2-45），便能將住客的需求傳遞給旅館員工，以便獲得服務。

　　另外，除了透過聊天機器人或虛擬語音助理外，客房服務的運送，現在也有許多旅館透過機器人來輔助客房物品的運送（如影片2-9）。當旅館接收到相關住客需求後，員工可於後場準備物品，並且放置於運輸服務機器人上，由機器人運輸前往住客房間。通常機器人到達房間時，會自動撥打電話給提出需求的房間，通知住客它的到來並給住客一個密碼，供他們用密碼又或是透過人臉辨識解鎖機器人，以取回他們的行李、物品或餐點。

　　另外，機器人的托盤或是內裝槽，亦裝設了感測器，當住客取出所需物品後，便會自動啟動機器人返航。另外，像是採用點餐的客房服務時，當用餐完畢，餐盤可放

置門外，便會有機器人來收取。在這樣繁複的流程中，運用機器人進行的服務也有別以往，住客也不會面對著期待小費的機器人。

　　另外，透過巨量資料的分析與應用，例如：透過住客社群媒體平台上的資訊，加上客房服務以及拜訪來賓等資料的顯示，旅館也可以讓機器人送去一瓶住客偏好的飲品或禮物等，提供一個讓住客難忘的生日驚喜，創造更好的住宿體驗與回憶。

影片 QR Code

影片 2-8　透過 Marriott Bonvoy App 直接與旅館服務人員溝通

YouTube：The Marriott Bonvoy App--talk to your hotel with Mobile Chat

https://www.youtube.com/watch?v=YV1diPhJ8fo

圖2-45　旅館住客可以透過虛擬語音助理小美犀AI管家，控制房間內的
各式設施設備，並且聯繫旅館以提供各式各樣的服務
圖片來源：犀動科技

影片 QR Code

影片 2-9　Relay 機器人可輔助客房服務

YouTube：Savioke's Relay Robot Delivering

Goods to Guests at the Crowne Plaza Hotel

https://www.youtube.com/watch?v=Vd3O7rkcj6A

（四）旅館的公共空間與其他設施設備

　　旅館除了供旅客過夜的空間外，還有各式各樣的設施設備的提供。不過，有時大型的旅館，對於第一次到來的顧客而言，會感到非常陌生，所以透過智慧型手機內對應的App進行室內AR導航、又或是實體機器人引導，直接帶領顧客前往目的地，而無須於過程中浪費時間（如圖2-46、2-47與影片2-10）。

圖2-46　透過機器人的引導，除了能準確定位外，同時也可減緩人力上的不足

圖2-47　透過具有AR技術的眼鏡，強化資訊顯示的便利性

影片QR Code

影片2-10　透過AR技術進行室內方向引導

YouTube：GuideBOT QR Tutorial - AR Indoor

Navigation

https://www.youtube.com/watch?v=CIsH3qFCidg

另外，旅館公共空間的整潔也是維繫服務品質與住客體驗非常重要的環節。例如旅館公用廁所結合物聯網時，當裝置洗手乳和衛生紙容器的感測器偵測到存量不足時，便可直接發送通知給房務部，讓旅館工作人員及時進行補充，又或是透過電腦視覺以及其餘各式感測器進行即時偵測與反應，促使當公共空間清潔程度低於一定標準時，通知清潔人員前往處理，或直接通知掃地機器人前往清潔環境，以避免人力、勞力上的浪費（如圖2-48與影片2-11）。

圖2-48　透過物聯網與感測器的即時監測與反應，當旅館內公用廁所清潔程度低於一定標準時，即時通知清潔人員前往處理，以維持一定的衛生清潔水準

影片QR Code

影片2-11　SoftBank的自動掃地機器人-Whiz

YouTube：See Whiz, SoftBank Robotics' Automatic Sweeper Robot, in Action

https://www.youtube.com/watch?v=1Trstz8Z6I0

　　接續，透過具有人工智慧的監視器的系統整合與分析，可以整合旅館周圍攝影鏡頭與感測器，透過視覺影像分析辨識任何可疑的行為與人事，並即時向旅館安全部門發送通知，以利他們事前進行預防，或是能在第一時間進行危機處理，以維護旅館住客的安危（圖2-49）。

圖2-49　透過具有電腦視覺功能的鏡頭與物聯網，讓住客於旅館能獲得更安心且更加個人化的服務

當然，上述的攝影鏡頭、感測器，或顧客智慧型手機的位置定位等，便能知道顧客位於旅館的位置，此時進一步透過顧客關係管理以及旅館各設施、設備的活動優惠整合資訊，於顧客靠近該設施時，自動發送促銷資訊以刺激顧客消費的欲望。通常使用信標（Beacon）的技術，Beacon透過低功率藍牙技術（Bluetooth Low Energy，BLE），當潛在消費者進入特定範圍時，推播資訊給他們以吸引他們進門消費，並且再進一步透過與推播資訊的互動以及進一步消費，掌握顧客偏好的資訊等（圖2-50）。

　　例如顧客關係管理資料中顯示，對於近期健身、瘦身等有所關注或是有健身習慣的顧客等，當住客靠近旅館健身房時，便發送健身房的優惠體驗券的資訊，提醒顧客嘗試的欲望，進而提升消費的可能性。

圖2-50　透過Beacon推播到設定區域範圍內或鎖定族群的潛在消費者與
其相關之優惠訊息

旅館的健身房也是重要設施之一，現在許多與運動相關的智慧科技的延伸，像是智慧健身鏡，結合麥克風、喇叭、鏡頭與人工智慧輔助應用，透過專業個人教練的影像指導，執行例如跳舞、瑜伽等運動外，另外也有繩索與拉環等套件予以進行肌肉訓練（如圖2-51）。再者，過往多半提供電視播放娛樂節目，來減緩重複運動時的無聊感，現今結合VR技術，讓使用者也可以邊跑步邊沉浸於山中美景，又或是使用划船機時，結合了真實湖面划船景象等，讓室內運動透過虛擬實境的方式變成戶外運動，大幅度增進使用者的體驗感受（如圖2-52）。

圖2-51　以運動健身為主的智慧健身鏡，讓人透過彷彿有如健身教練同步進行指導的方式進行鍛鍊

圖 2-52　透過 VR 結合運動課程，讓運動更加有趣

　　再者，隨著各式各樣個人化的智慧裝置，包括像是智慧衣服、手錶、手環、鞋子等，整合連結健身房內的健身器材，促使健身器材提供合適的健身配方給住客，並且隨時偵測使用者的身體狀態，並在需要時連動資訊以利服務人員及時處理，強化整體提供服務與住客安全的意象（如圖2-53、2-54）。

圖2-53　智慧手錶可以感測使用者的生理參數

圖2-54　透過智慧型手機確認旅客的運動累積量

　　最後，旅館裡的重要服務之一就是禮賓服務，通常高級旅館中的禮賓人員都是上知天文、下知地理，各式各樣的資訊與需求，他們都能為住客達成。不過，現在部分國際連鎖旅館則透過機器人提供如此服務，例如希爾頓酒店的禮賓機器人Connie便能提供完整的旅館資訊、豐富的旅遊資訊、推薦旅館外的當地景點。另外，禮賓機器人甚至也可以幫忙處理訂票，或協助住客進行旅程路線規劃安排事宜（如影片2-12）。

影片QR Code

影片2-12　希爾頓酒店與IBM合作的旅館禮賓機器人Connie，協助處理訪客請求、個性化賓客體驗並為旅客提供更多資訊，以幫助他們計畫旅行。

YouTube：Hilton and IBM pilot "Connie", the world's first Watson-enabled Hotel Concierge

https://www.youtube.com/watch?v=ifgf6bZhxiE

（五）餐廳用餐

　　旅館中另一個非常重要的設施是餐廳，當然餐廳也是餐旅體驗中，非常重要的環節之一。所以此處的餐廳部分除了旅館的餐廳角度外，也會擴大延伸到一般餐飲的範疇進行討論。

　　因應COVID-19的襲擊，很多餐廳內部用餐的行為，有時會讓許多消費者有所疑慮。所以，像是Uber Eats和foodpanda等美食外送（food delivery）的方式已成為用餐新常規。不過，除了平時日常的三餐、點心與飲料等飲食需求外，美食外送平台也是旅遊時，能夠探索當地美食，又不需要接受如餐廳用餐環境不佳與迷路風險，且能直接看到清楚透明的資訊，以及消費者評價的一種新的餐飲體驗方式（如圖2-55）。

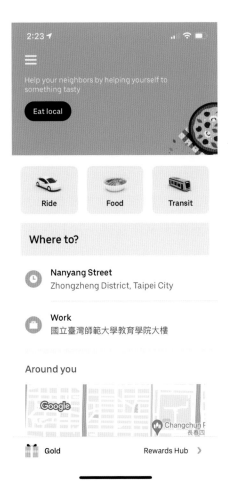

圖2-55　Uber推出的Uber Eats讓你旅遊時，也能透過更清楚透明、且附帶有消費者評價的資訊，探索當地美食。
圖片擷取自Uber App

讓我們回到一般餐廳用餐時的智慧科技應用與智慧服務的提供方面來看，線上訂位、劃位等功能，大家已經習以為常了。不過，透過智慧科技、感測器、相關裝置等收集資訊，並將相關資訊與網站或App進行連動的作法，創造出智慧化的服務，也逐漸慢慢導入在餐廳中。畢竟，讓顧客盲目地等待真的是很兩難的事情，所以當你提供餐廳目前人潮的相關資訊、是否客滿、或是要等多久（例如：壽司郎、鼎泰豐），能有助於顧客進行決策，或做好心理準備（如圖2-56）。

圖2-56　壽司郎App可以知道各家分店目前等待時間，以便顧客選擇最適合自己的分店前往消費
圖片擷取自：壽司郎App

接續，抵達餐廳後，通常過往都有接待人員進行接待，疫情期間，除了確認座位、帶位外，還需要進一步進行量測體溫、殺菌等步驟。不過，如前述提及，運用人工智慧測量溫度、噴灑酒精等，再透過人臉辨識或是掃描訂位代號等，又或是像是旅館的住客早餐使用權限與否等辨識，皆可透過具備人工智慧辨識、判斷的智慧裝置予以解決，並讓員工於更需要具備人情味與創新創意之處專注發揮自身能力（如圖2-57、2-58）。

　　另外，疫情期間的社交距離防護等，便也能透過鏡頭搭配量測安全距離的智慧辨識，透過客觀性的辨識，並即時透過其他餐廳裝置予以警示，也能降低現行許多顧客與員工間的糾紛。再者，結合餐廳顧客關係管理系統，也有助於餐廳員工辨識出老顧客，並使用其偏好的方式接待與服務他。同時，員工也可以推薦符合顧客偏好的促銷套裝產品，除了吸引消費外，還可以透過其餘額外折扣以強化顧客體驗。

圖2-57　接待員於餐廳入口處歡迎、招呼顧客時，需要的不只是機械式問候，而是要帶給顧客於體驗過程一開始，就能獲得關注、熱情、在乎等認知情緒的產生

圖2-58　導入臉部辨識與體溫感測裝置，以取代透過員工於入口處逐一
量測體溫等機械式的服務方式

　　接續到了點餐的部分，許多餐廳也已逐漸導入Kiosk以利顧客進行自助點餐。當然自助點餐好處就在於顧客不需與餐廳員工溝通，減少了溝通過程中，表達不清楚、漏聽、聽錯、講錯、語氣、等待等問題（如圖2-59）。不過站在門口附近按著Kiosk點餐，當然沒有比坐著透過平板或手機掃描QR Code來得舒服，而且還可以慢慢地考慮、仔細地討論、好好地研究一下，再下決定（圖2-60、2-61）。

　　而且，因為透過數位化以及通訊連接後，菜單也可以即時更新，例如已經販售完的餐點便可即時顯示，而不是點完餐後顧客已滿心期待等著餐點的到來，突然服務人員又走過來告知需要換菜。另外，建置與整合完善的餐飲系統與整套標準流程的餐廳，甚至也可以顯示餐點預計多少時間會抵達，讓顧客不會傻傻地空等待。

圖2-59　運用 Kiosk 點餐

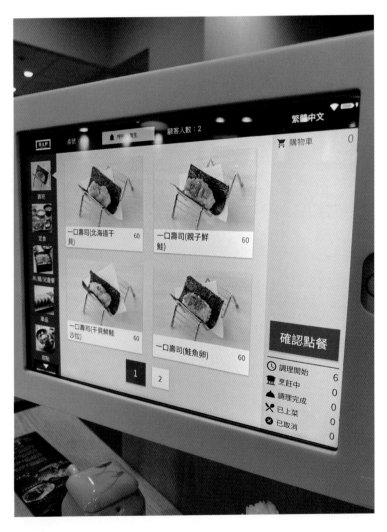

圖2-60　平板點餐

圖 2-61　QR Code 點餐

　　當然，許多傳統或是家常菜色，多數人在點餐前都已經有該餐點的視覺與味嗅觸（有的可能還有聽覺）的印象，但是有時候很多創意菜色、新菜色，過往人們都只能透過文字自己去揣摩，然後抱持冒險挑戰看看的心情，點下去吃吃看再說。不過，隨著科技的發達，至少透過像是AR的技術，讓顧客未點先看，雖然還是沒聞到或試吃到，但多一種感官的資訊獲得，而且又是非常詳細的3D立體呈現，對於部分顧客點餐時的意願，勢必能提升不少。讀者可以透過接下來的AR菜單小體驗，感受一下AR菜單帶給你的情緒與認知獲得（從圖2-62至圖2-68）。

AR 菜單小體驗

請讀者掃描此 QR Code，並且下載「JARIT- Augmented Reality Menu」App

圖2-62　JARIT- App QR Code（iOS 或 Android 系統皆可掃描與使用）

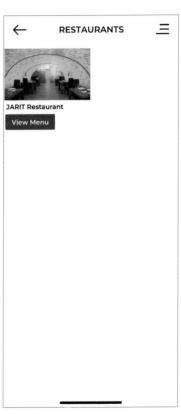

圖 2-63

隨便選一種類別

圖 2-64

點選「View Menu」

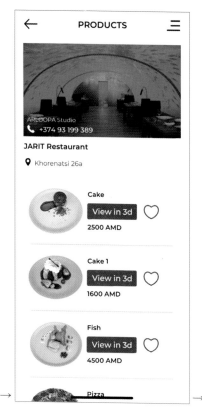

圖2-65
點選一種菜色

圖2-66　跳到此一畫面時，將鏡
頭對準下方「掃描圖」

圖 2-67　Jarit App 掃描圖

圖2-68

當你拿著手機對著圖2-67的掃描圖時，你應該就會看見所點選的菜出現在你面前，請記得旋轉角度、高低等去看看這道菜的細節唷！

　　當然不是所有的餐廳都適合如此自助式的點餐方式，有時需要講求創意創新料理的餐廳，很多餐點或許會因應不同時間、季節、主廚狀態予以改變。因此，此時仍需要透過更詳盡的介紹，顧客才能判斷自己想要吃什麼。所以，透過更具有應答彈性的機器人進行介紹與回答，也是相對應可以達到目的方式（如圖2-69）。

　　不過，有些更講求個人化、人情味的餐廳，例如傳統的中菜或台菜等，此時服務人員也可以透過具有電腦視覺功能的AR眼鏡輔助，透過老顧客的偏好、習性等資料的呈現，以利服務人員掌握好顧客的資料後，及時直覺性反應推薦出具有個人化、量身打造的點餐與餐酒搭配建議，讓顧客感受到專業且真的有溫度、人情味的接待（如圖2-70）。

圖 2-69　透過機器人進行介紹以利點餐

圖2-70　透過部分具有鏡頭進行人臉辨識的AR或MR眼鏡，便可以透過偵測到顧客的樣貌後，於顧客關係管理系統調閱出相關顧客個人化的資料，以即時反應最具人情味的服務

接續，考量到顧客等待的時間，若是遇到隻身前來或與同行同伴無話可說的顧客時，幫顧客度過等待的時間就很重要。像是Domino's 達美樂披薩曾經推出Pizza Hero的手遊，讓顧客等待披薩同時也學習製作披薩。遊戲的視覺效果非常逼真，包括麵團、醬汁、起司等圖片畫面，都貼近真實。甚至，使用者在手機或是平板依照自己的喜好製作完披薩後，還可以直接下訂單，訂購他們虛擬設計的真實披薩成品。（不過，很可惜的是，該App於本書出版前已找不到載點了，所以提供影片2-13，讓大家看一下Domino's Pizza Hero的玩法，並且讓它給你一些靈感吧！）

影片QR Code

影片2-13　Domino's Pizza Hero 手遊介紹

Domino's Pizza Hero

http://vimeo.com/90242483

　　接續，餐點製作方面，許多新型態科技的導入，也減緩眾多餐廳員工的工作負擔，例如採用機械化的生產線流程的製作方法、自動化翻炒機器人、重複製作相同餐飲的機器人手臂等。所以，不管是製作漢堡、拌炒食物、煎餅、咖啡、調酒等各式各樣的餐飲，透過標準作業流程的方式來執行製餐，可以達到減緩人力勞動、品質一致、精準烹飪食物的流程、更安全、衛生、省時等優點（如圖2-71、2-72、2-73，及影片2-14、2-15、2-16）。

圖2-71　如同工廠生產線般地製造漢堡

影片QR Code

影片2-14　生產線類型的漢堡製作餐廳 Creator

YouTube：A robot cooks burgers at startup restaurant Creator

https://www.youtube.com/watch?v=CbL_3le40qc

影片QR Code

影片2-15　翻炒式機器人

YouTube：In Boston, These Robots Are Now Serving Up $8 Salads and Bowls

https://www.youtube.com/watch?v=rfMZfxgbuCw

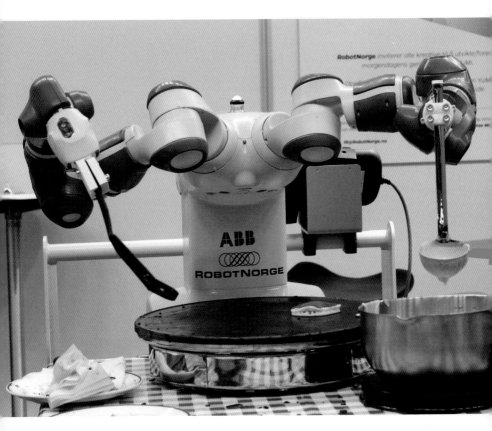

圖2-72　透過機器人製作重複性動作的餐點

圖2-73　機器人咖啡師

影片QR Code

影片2-16　Bionic-Bar的機器手臂調酒師（可使用手機開啟並轉換成為3D模式，並使用VR眼鏡觀看）

YouTube：360 On Royal Caribbean: Bionic Bar | Harmony of the Seas

https://www.youtube.com/watch?v=GuVKUlRINzk

　　當然，近年也有非常靈活的Moley Robotics 推出的廚師機器手臂，模仿人類的手能執行的細緻動作，用來製作各式各樣多元化的餐點，並且甚至能達到簡單擺盤的效果（如圖2-74與影片2-17）。其他，新型態餐飲科技的融入，像是透過前面提過的積層製造技術，創造3D食物列印，讓部分食物的製作有了另一種產出的選擇（如圖2-75）。

圖2-74　廚房技術概念中的智慧——手藝靈巧的廚師機器人助手，機器人手接收訂單並按程序烹飪食譜，並且可以自學技術更新菜單

影片 QR Code

影片 2-17　Moley Robotics 推出的廚師機器手臂

YouTube：The Moley Robotic Kitchen has arrived!

https://www.youtube.com/watch?v=PvxrM0-qhlQ&t=75s

圖 2-75　3D 食物列印機

　　在餐點運送方面，就如同上述提及運送行李、運送客房服務一樣，都已經有對應的運輸型服務機器人的使用，只是款式不同的差別而已。不過，過往曾有發現在機器人運送途中，菜已經被別桌客人誤拿，導致原始點單的顧客取不到餐的情況。因此，依照不同的餐廳送餐類型、消費者情況等，對應選擇合適功能的送菜機器人，也是餐廳必須謹慎考量的（如圖2-76）。

圖2-76　送菜機器人

　　當然，另一種自己取用的自助餐餐廳中，智慧科技的應用亦可以透過視訊鏡頭結合電腦視覺，辨識外場食物剩餘的情況，即時對內場廚房更新資訊，以確保服務或食物不會出現失誤或是缺貨（如圖2-77）。

圖2-77　提供多元餐點的自助供餐的方式，往往會因為該時段顧客的飲食偏好不同，造成不固定的菜色短缺的情況。若能採用電腦視覺進行辨識，並且在各式餐點快要被夾完時，即時通知餐廳人員補貨，就不會讓顧客有頓時夾不到想吃的菜，而造成情緒不悅的情況

另外，等待或用餐過程中，現今餐廳已經開始運用眾多新科技技術，強化用餐體驗。例如：Skullmapping公司推出的Le Petit Chef，運用3D光雕投影技術，將用餐體驗透過聲光影等視聽感覺的刺激，強化整個記憶程度。同時，上菜前搭配對應的動畫，讓整個用餐體驗透過一連串的故事串聯起來一樣。再者，上海Ultraviolet餐廳運用燈光、影像、聲音、服務人員的裝扮與表演、氣味以及味覺與口感等感官感受，創造出特定餐點對應特定的環境氛圍，讓顧客的感官體驗達到一致與協調的狀態，企圖創造顧客愉悅的感受，並進一步留下深刻的回憶（如影片2-18、2-19）。

影片QR Code

影片2-18　小廚師系列饗宴，透過動畫與投影，提升用餐體驗的趣味程度

YouTube：Le Petit Chef-Dessert

https://www.youtube.com/watch?v=LXyX-OvZlUg

影片QR Code

影片2-19　Ultraviolet餐廳用22種環境氛圍，搭配22道餐點

YouTube：A 22-Course Meal, in 22 Settings - Shanghai's Ultraviolet Restaurant | The New York Times

https://www.youtube.com/watch?v=q2TPxH42MFw

對於顧客的反饋，也是當今非常重要的經營事項之
一。餐廳業者若能鼓勵顧客於消費後期進行評價，或直接
自動化地追蹤各式各樣社群平台上與餐廳相關的評論，並
且當出現負面的評論時皆能即時反應通知，餐廳人員便能
在顧客離開前得知相關負面消息以進行服務補救，讓顧客
能抱持著正面回憶離開餐廳（圖2-78）。

圖2-78　顧客若在未離開餐廳前進行評價，餐廳員工都有可能進行感謝
或服務補救措施，讓顧客踏出餐廳門外後，所留存在腦海中的回憶是正
面的

　　最後，在餐費支付部分，有些前端整合好手機點餐支付的餐廳，顧客可以直接於用餐完畢後，直接在手機上支付。因為，當所有餐飲相關系統皆有良好的系統整合時，在POS點餐系統上創建訂單時，後續所有用餐流程中各式各樣的送餐情況、變更情況等，都會回到原始訂單內進行增修。因此，最後顧客可以再次打開訂單，確認訂單後，便可以用自己的智慧型手機透過像是Apple Pay等結合指紋或人臉辨識授權等方式支付（圖2-79）。當然，若是要到櫃檯結帳，也可以用手機掃碼、智慧手錶等方式支付（如圖2-80、2-81）。

圖2-79　透過人臉掃描予以審核支付

圖2-80　透過手機掃碼支付

圖2-81　透過智慧手錶支付

（六）退房離開旅館

退房部分，旅館若有整合所有管理營運系統，顧客便能於退房時拿出智慧型手機，直接在上面進行check-out。而且，顧客check-out時，所有像是顧客在房間使用完畢的飲料的帳單、照片以及其他相關消費的帳單，全部都會彙整以讓顧客進行確認，待確認無誤後，顧客根本無須等待便可離開（圖2-82）。

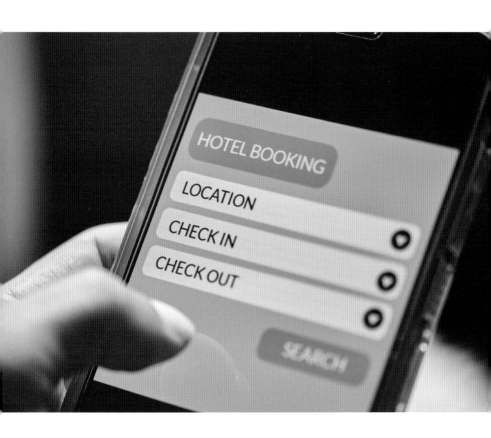

圖2-82 直接透過手機退房

四、餐旅體驗後

　　順應著各企業對於顧客感受的重視、社群媒體平台的興起等，當今顧客若對於用餐體驗感到不滿，常常會將相關評論直接反應給店家、問卷調查、官網，又或是po上社群平台等。因此當退房時或快要退房時，住客通常會收到旅館的App或是OTAs邀請分享住宿體驗（如圖2-83、2-84）。因此，當顧客提交後，旅館會盡快回覆顧客的意見。當然，基於具有資料收集與人工智慧分析辨識能力，進行線上顧客聲音（Customer Voice）管理系統，提供顧客情感反應、旅館聲譽監控、顧客滿意度調查等，將有助於提升顧客的回頭率，同時也有機會創造出新的顧客。

圖2-83　透過手機App進行滿意度評分

圖 2-84　Booking.com 上入住後的住宿體驗評論

擷圖自 Booking.com 官網

另外，部分對於社群媒體使用上更為活躍與擅長的旅館，也會觀察曾經來訪的住客張貼於自己社群媒體平台上的相關評論與照片，並且與顧客進行互動，包括像是按讚、留言、tag 顧客等，並且未來有相關活動時推播給顧客，以維繫這條關係連結，讓顧客成為老顧客（如圖2-85）。

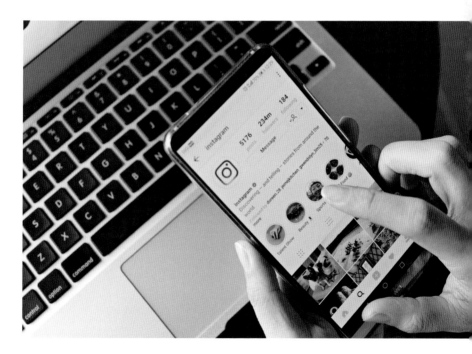

圖2-85　旅館或餐廳透過 Instagram 與顧客保持聯繫

第三篇
智慧服務的未來

Wisdom is not a product of schooling but of the lifelong attempt to acquire it.

智慧不是學校教育的產品，而是終身學習的成品。

By Albert Einstein 阿爾伯特・愛因斯坦

　　從上一章節〈探索餐旅體驗中的智慧服務〉中，讀者應該發現很多都是單一的智慧科技、裝置、設施分別獨立運作，有的只是資訊數位化、有的只是達到e化銷售或是有個手機App而已。當然裡頭很多沒有經過企業內的系統整合，是無法做到的，就像是Marriott Bonvoy App可讓顧客在飛機上用智慧型手機辦理入住手續、透過同一支手機開房門等，這些都是需要後台完整的資料、資訊間的相互串聯，方能促使整個過程是無縫且順利的。不過隨著一點一滴的服務接觸點慢慢電子化、數位化後，接續後頭的系統、資料的串聯，並且再進一步分析，並達到自動化、智慧化後，才會有真正完整的智慧服務出現。不過，本書的餐旅體驗案例，因書籍篇幅的關係，尚有許多範例與細節無法納入一併討論。但光是透過目前的內容，相信讀者就可以發現，一段餐旅旅體驗過程中，就有非常多服務接觸點的出現，而且每一服務接觸點，也都延伸許多裝置、技術、功能需求的出現。然而，彼此間裝置與系統的整合，是當今許多企業尚未完成的課題。

　　就如同數位轉型、工業革命4.0所追求的智慧化一樣，系統整合只是其中一部分的條件，更重要的是所有的軟硬

體的資料、資訊都能彼此互動連結並能相互操作，而且資料都能回到企業的雲端資料中心，以便後續進行決策分析、機器學習、深度學習，或研發新的解決方案等等。

上述提到整合除了企業內部的軟硬體整合外，若單以餐旅觀光生態系而言，利益關係人與組織還包括銀行、商品與服務的供應商、觀光餐旅組織、旅遊目的地組織、旅客、行銷公司、統計公司、社群網路平台、政府組織、保險公司外，再往上一個層次還包括智慧城市、智慧國家等考量。這都不是一蹴可幾之事。

邁向數位轉型、自動化、智慧化的現代，第一步就是要將所有資料轉化為數位資料，所以當所有執行的事情與物體，都得先能透過資訊數位的方式執行，方有機會更快速地形成數位資料。再者，選擇一個一站式的平台，降低所有的資料串接整合時的挑戰，後續要再進一步應用這些資料時，會相對更加有效率。

不過，讓我們回頭聚焦在智慧服務來看，例如帶領顧客前往其需要的商品陳列處或地點的工作任務，這項工作其實都會造成目前人力緊縮的各行各業中當班員工的負擔。因此，像是上一章節介紹到帶位的服務機器人，其實

就可以減緩人力不足，所造成服務不周的顧客感受，並且提升顧客對於整體體驗流暢度的正面感受。

當然，從上一章節餐旅體驗的案例中，讀者應該也會發現有很多不夠「智慧」、缺乏「溫度」的服務，例如：人類在迎接賓客時，若要請賓客喝飲料、吃東西，會主動伸手遞給顧客，相對地，機器人則是端著盤子讓顧客自行取用，主動性地給予會帶給顧客更有溫度的感受。其實這就是服務缺口，畢竟像是在餐飲烹調的應用上，透過精細的機器手臂、手掌、手指等應用，進一步改善接待機器人，亦能模仿人類服務生的服務模式。所以，這就是透過智慧科技整合提升服務，可以持續進步的地方，又或是像之前變なホテル因其機器人服務效率與效能的問題，引來許多顧客負面的抱怨。不過，這些挑戰都會隨著自然語言處理、電腦視覺、演算法、機器學習等技術不斷進步，越來越精進，越來越像具備人類智慧的型態。所以，千萬別因為短暫科技上的不能滿足顧客，便定論認為科技無法滿足顧客體驗的需求、無法給予顧客「溫度」。

所以作者也要提醒讀者，若有志創造出創新智慧服務時，便要從平時開始觀察，並思考生活、工作中面臨的哪

些服務可以更好，哪些服務可以透過資通訊科技、智慧科技的輔助提升效益與效能。所以，其實智慧服務牽扯到兩種專業，我們不一定要能像是資工專業的人一樣去發展創新科技技術，但是我們要懂得現有的技術、功能，以及這些功能可以如何應用等。再者，我們也要懂得服務的內容範疇，無論廣度或深度。因為見識得不夠廣，任何現在已有的服務，只因自身未曾見聞，就自以為創新；學習得不夠深，無法發現潛在的需求與可能性，同時也無法有足夠知識技能填補該缺口。

另外，從日本機器人專家森政弘提出著名的恐怖谷理論（The Uncanny Valley）中，也可以找到一些智慧服務的未來發展或值得注意的部分。例如人類對於機器人外表的感官感受，會隨著類型不同有所改變，例如太像人又不像人，眼神呆滯、皮膚顏色單一慘白的狀態，反而讓人會有偏向屍體、殭屍的想像，進而產生恐懼的感受。反倒是類人形的（例如：Pepper）、或是填充娃娃型的（例如：用來作為照護治療使用的小海豹外型的互動式機器人PARO），對人類來說反倒有更高的親和力。

尤其，本書討論的是智慧服務，在注重體驗的時代，

服務過程中一定要去考量消費者、顧客的感官感受，以及可能留下的回憶。所以，提供服務的介面能否帶給顧客美好的感受，也是非常重要一環。也因此，User interface design（使用者介面設計）的設計與考量當然也是非常重要的內容。

另除了上述的外觀外，機器所產出的聲音也會讓我們有不同的感受。例如掃地機器人的噪音比較，第一代的某牌掃地機器人與第七代的噪音分貝就有明顯落差，雖然達到的目的一致，但是使用者在使用過程中的煩躁感也會因而有所不同。另外，隨著自然語言處理的技術提升，機器已經能用聲音和我們對話。不過，值得注意的是它們傳遞出來的聲音也會影響到人類的認知與感受。除了聲音大小、語氣等聲音特徵外，口音也會因為不同地區的有所差異。像是英文也會因為英國腔、美國腔，給人不同的感受。當然，你到了英國預期會聽到英國腔，但若不是的話，就會造成使用者認知情緒上的衝突感。

所以，其實新一代的智慧化科技，尤其應用在服務層面欲達成智慧服務時，美學的角色又再次展現。畢竟，當代的機器手臂、機器人等，面對的是人類，而非以前面對

的是事情或物體。面對人，就需要考量人類的感受，而早期對於美學的研究、學習、討論，其實效率上都不像其他理性學問那般精準有效率。因為美學範疇廣，內容深，而且具有極大變異性。不過，換一種角度來看，這也是機器無法短時間學起來的一環。雖然，現在有很多深度學習已經達到藝術創作的產出，不過多半還是基於特定風格內容下的產物，畢竟都是透過資料學習所延伸出來的結果。

不過，人類最大的優勢就是抽象能力，能夠產出當前社會環境沒有的創意創新思維。人類的想像力，目前尚未有成熟的人工智慧化的機會。過往，訓練人類創新創意的領域，例如人文藝術美學的領域，勢必會有其越來越重要的角色顯現，面對新的時代，人類真的要擁有AI（美的智商，Aesthetic Intelligence），才不會被AI（人工智慧，Artificial Intelligence）取代。

當然，就像是前面提過陪你聊天談心的機器人Repika，情感機器人的角色與功能，也將會是一種很重要的智慧服務需求。因為，從人類最基本的Maslow需求理論來看，被人關心、需要、有同溫層等都是人類重要的需求。當與你對話的機器能讓你覺得它感同身受：「它了解

我的情緒感受，它能傳遞情緒」等，若能恰巧打中對話者的心靈，相信勢必會產生良好的正面影響。

當然，延伸討論，在本書中不斷強調智慧服務欲達成的個人化目的，也是相同的概念。許多人在面對科技時，都會說科技提供的服務冷冰冰、沒有溫度。不過，何謂有溫度的服務？有人就叫有溫度？從頭到尾笑臉迎人？講話聲音抑揚頓挫？再者，服務生一直來噓寒問暖、關心照顧，對於當代長期面對手機、電腦已久的年輕人，會不會將如此的傳統服務，當成有溫度的服務呢？智慧服務講求目的是高度的個人化，提供每一個人需要的服務內容，才是達到傳遞有溫度服務的基礎。所以，無論是直接透過機器對人提供的服務，又或是人類透過科技輔助所提供的服務等，主要都以能邁向每一個顧客，提供符合他／她的偏好且適合他／她的服務，才是真正智慧服務要達到的目的。

接續的智慧服務時代就是科技與人類整合，促進虛實整合的時代。科技的輔助促使人類有更佳的服務表現，或是有更多的時間產出更符合各別顧客特質、又具創新創意的新服務等。例如：傳統中非常仰賴服務人員對於老顧客偏好的「好記性」，一旦有了良好的顧客關係管理系統與

擴增實境的連結，當服務人員一時的生理情況不佳造成如短暫失憶，或是新進員工剛開始上班而無法全部記得時，透過AR眼鏡的人臉辨識，鏡片上就會顯示該名老顧客的相關資訊。此時，服務人員便能提供個人化的服務給該名老顧客，而不會造成過往缺乏科技，僅仰賴人腦記憶又或是來不及進行教育訓練時的負面後果。所以具備互動式，並能基於顧客過去資料、個人偏好、考量整個環境情境脈絡等科技輔助，創造出符合個人服務，才會是真的智慧服務。

　　早期Wi-Fi還沒有普遍時，Free Wi-Fi是企業的競爭優勢。但是科技的導入隨著時間，成本就會降低，導入的門檻就不再困難。所以，科技導入絕對不是長期強化競爭優勢的唯一解方，真正能促成改變的是整體組織、員工、科技間的整合與運作。而且，邁向智慧服務或是智慧化的企業，如本書前述所說，是一整個生態系的概念，並且透過物聯網、系統整合、各式新興科技的融入、人工智慧輔助等，方才有機會邁進。所以，單一使用智慧型手機或是設計一個App就叫做智慧之舉，可能是個莫大的誤會，但這的確也是邁向智慧化的其中一步。

　　所以，在面臨智慧化的當今，其實人類能做的最基本的第一步，就是了解人工智慧能做些什麼，然後能超越其能力，以及像上述提到，目前機器較難滿足的能力，方能不用擔憂人工智慧的衝擊。不管是個體、企業、社會、國家、或是世界，即使有再多的抗拒不去改變，未來還是要被迫進行更快速的改變。就像是前一個工業 3.0 時代，當事物轉換資訊化、數位化的階段，已經有很多人抗拒改變、停滯不前。現在已經邁向下一個階段了，很多事物都已經再往前大躍進。因此，改變讓自己勇往直前，並且有機會抓到更多新的先機與商機。或許這一次的工業革命，將再一次創造新的人類社會秩序與規則，也將再一次創造許多新的可能性。當我們熟悉智慧服務的知識與技術，相信對我們來說，也會找到許多新的商機，所以讓我們共同引頸期盼吧！

唯一不會改變的事情就是改變。　　——赫拉克利特

There is nothing permanent except change.　——Heraclitus

　　最後，本書是探索智慧服務議題的第一本書，若有不盡完善之處，尚請各位讀者賜教並一起討論，期待促使智慧服務領域能帶給人類更加便利、有效率、且更進步與完美體驗的生活。

延伸閱讀

Anke, J. (2018). Design-integrated financial assessment of smart services. *Electronic Markets, 29*(1), 19-35. doi:10.1007/s12525-018-0300-y

Antonova, A. (2018). Smart services as scenarios for digital transformation. *Industry 4.0, 3*(6), 301-304.

Bellman, R. E. (1978). *An Introduction to Artificial Intelligence: Can Computers Think?,* Boyd & Fraser Publishing Company.

Beverungen, D., Müller, O., Matzner, M., Mendling, J., & vom Brocke, J. (2019). Conceptualizing smart service systems. *Electronic Markets, 29*, 7-18. doi:10.1007/s12525-017-0270-5

Buhalis, D., & Leung, R. (2018). Smart hospitality—Interconnectivity and interoperability towards an ecosystem. *International Journal of Hospitality*

Management, 71, 41-50. doi:10.1016/j.ijhm.2017.11.011

Cambridge Dictionary (2021). https://dictionary.cambridge.org/

Charniak, E. and McDermott, D. (1985). *Introduction to Artificial Intelligence.* Addison-Wesley.

Del Prado, G. M. (2015). Intelligent robots don't need to be conscious to turn against us. https://www.businessinsider.com/artificial-intelligence-machine-consciousness-expert-stuart-russell-future-ai-2015-7

Dreyer, S., Olivotti, D., Lebek, B., & Breitner, M. H. (2019). Focusing the customer through smart services: a literature review. *Electronic Markets, 29*(1), 55-78. doi:10.1007/s12525-019-00328-z

Frank, A. G., Dalenogare, L. S., & Ayala, N. F. (2019). Industry 4.0 technologies: Implementation patterns in manufacturing companies. *International Journal of Production Economics, 210*, 15-26. doi:10.1016/j.ijpe.2019.01.004

Gong, L., Fast-Berglund, A., & Johansson, B. (2021). A Framework for Extended Reality System Development in Manufacturing. IEEE Access, 9, 24796-24813.

doi:10.1109/access.2021.3056752

Gretzel, U., Sigala, M., Xiang, Z., & Koo, C. (2015). Smart tourism: foundations and developments. *Electronic Markets, 25*(3), 179-188. doi:10.1007/s12525-015-0196-8

Huang, M.-H., & Rust, R. T. (2018). Artificial Intelligence in Service. *Journal of Service Research, 21*(2), 155-172. doi:10.1177/1094670517752459

Horng, J.-S., & Hsu, H. (2021). Esthetic Dining Experience: The relations among aesthetic stimulation, pleasantness, memorable experience, and behavioral intentions. *Journal of Hospitality Marketing & Management*, 30(4), 419-437.

Horng, J.-S., & Hsu, H. (2020). A holistic aesthetic experience model: Creating a harmonious dining environment to increase customers' perceived pleasure. *Journal of Hospitality and Tourism Management*, 45, 520 - 534. doi:10.1016/j.jhtm.2020.10.006

Jüttner, U., Schaffner, D., Windler, K., & Maklan, S. (2013). Customer service experiences: Developing and applying a sequential incident laddering technique.

European Journal of Marketing, 47(5/6), 738-769. doi:10.1108/03090561311306769

Kabadayi, S., Ali, F., Choi, H., Joosten, H., & Lu, C. (2019). Smart service experience in hospitality and tourism services. *Journal of Service Management, 30*(3), 326-348. doi:10.1108/josm-11-2018-0377

Kotler, Philip, Hermawan Kartajaya, and Iwan Setiawan. *Marketing 5.0: Technology for humanity*. John Wiley & Sons, 2021.

Kurzweil, R (1990). The Age of Intelligence Machines. MIT Press.

Laubis, K., Konstantinov, M., Simko, V., Gröschel, A., & Weinhardt, C. (2018). Enabling crowdsensing-based road condition monitoring service by intermediary. *Electronic Markets, 29*(1), 125-140. doi:10.1007/s12525-018-0292-7

Le, Q. V. (2013). *Building high-level features using large scale unsupervised learning*. Paper presented at the 2013 IEEE international conference on acoustics, speech and signal processing.

Lerch, C., & Gotsch, M. (2015). Digitalized Product-Service Systems in Manufacturing Firms: A Case Study Analysis. *Research-Technology Management*, 58(5), 45-52. doi:10.5437/08956308x5805357

Lim, C., & Maglio, P. P. (2018). Data-Driven Understanding of Smart Service Systems Through Text Mining. *Service Science, 10*(2), 154-180. doi:10.1287/serv.2018.0208

Lichtblau, K., Volker Stich, D.-I., Bertenrath, R., Blum, M., Bleider, M., Millack, A., Schmitt, K., Schmitz, E., & Schröter, M. (2015). *INDUSTRIE 4.0 READINESS*. Frankfurt, Germany: IMPULS.

Linke, R. (2017). Additive manufacturing, explained. https://mitsloan.mit.edu/ideas-made-to-matter/additive-manufacturing-explained

Neuhofer, B., Buhalis, D., & Ladkin, A. (2015). Smart technologies for personalized experiences: a case study in the hospitality domain. *Electronic Markets, 25*(3), 243-254. doi:10.1007/s12525-015-0182-1

Nilsson, N. J. (1998). Artificial Intelligence: A New Synthesis.

Morgan Kaufmann.

Oracle (2021). What is IoT? https://www.oracle.com/internet-of-things/what-is-iot/

Osei, B. A., Ragavan, N. A., & Mensah, H. K. (2020). Prospects of the fourth industrial revolution for the hospitality industry: a literature review. *Journal of Hospitality and Tourism Technology*, 11(3), 479-494. doi:10.1108/jhtt-08-2019-0107

Ostrom, A. L., Parasuraman, A., Bowen, D. E., Patrício, L., & Voss, C. A. (2015). Service Research Priorities in a Rapidly Changing Context. *Journal of Service Research, 18*(2), 127-159. doi:10.1177/1094670515576315

Oztemel, E., & Gursev, S. (2018). Literature review of Industry 4.0 and related technologies. *Journal of Intelligent Manufacturing, 31*(1), 127-182. doi:10.1007/s10845-018-1433-8

Pennachin, C., & Goertzel, B. (2007). A Brief History of AGI. In B. Goertzel & C. Pennachin (Eds.), Artificial General Intelligence. Verlag Berlin Heidelberg: Springer.

Pine, B. J., Pine, J., & Gilmore, J. H. (1999). *The experience economy: work is theatre & every business a stage*. Harvard Business Press.

Reuters (2021). EXCLUSIVE SoftBank shrinks robotics business, stops Pepper production- sources. https://www.reuters.com/technology/exclusive-softbank-shrinks-robotics-business-stops-pepper-production-sources-2021-06-28/

Russell, S. J., & Norvig, P. (2010). *Artificial intelligence: a modern approach*. Upper Saddle River, NJ: Pearson Education Limited.

Roy, S. K., Balaji, M. S., Sadeque, S., Nguyen, B., & Melewar, T. C. (2017). Constituents and consequences of smart customer experience in retailing. *Technological Forecasting and Social Change, 124*, 257-270. doi:10.1016/j.techfore.2016.09.022

Šerić, M., Gil-Saura, I., & Ruiz-Molina, M. E. (2014). How can integrated marketing communications and advanced technology influence the creation of customer-based brand equity? Evidence from the hospitality industry. *International Journal of Hospitality Management, 39*, 144-156. doi:10.1016/j.ijhm.2014.02.008

SAP (2021). What Is Digital Transformation? https://insights. sap.com/what-is-digital-transformation/

SAS Institute Inc. (2021). Machine Learning: What It Is and Why It Matters. https://www.sas.com/en_us/insights/ analytics/machine-learning.html.

Schwab, K. (2016). *The Fourth Industrial Revolution*. Geneva, Switzerland: World Economic Forum.

Sigala, M., Rahimi, R., & Thelwall, M. (Eds.). (2019). *Big Data and Innovation in Tourism, Travel, and Hospitality: Managerial Approaches, Techniques, and Applications*. Springer.

Tukker, A., & Tischner, U. (2017). *New business for old Europe: product-service development, competitiveness and sustainability*. NY, US: Routledge.

Vaidya, S., Ambad, P., & Bhosle, S. (2018). Industry 4.0–a glimpse. *Procedia Manufacturing, 20*, 233-238.

Wiegard, R.-B., & Breitner, M. H. (2017). Smart services in healthcare: A risk-benefit-analysis of pay-as-you-live services from customer perspective in Germany. *Electronic Markets, 29*(1), 107-123. doi:10.1007/s12525-017-0274-1

香港生產力促進局（2018）。推行工業4.0 先練基本功。https://www.hkpc.org/zh-HK/our-services/iiot/latest-information/i40-basic

許軒、曾文永（2021）。《休閒美學：屬於您個人的旅遊速寫筆記》。台北市：五南。

許軒、崔爾雅（譯）（2020）。《日常生活美學：擁抱美感生活的5堂課》（*Everyday Aesthetics*）（原作者：Yuriko Saito）。台北市：五南。

許軒、翁紹庭（譯）（2020）。《神經美食學：米其林主廚不告訴你的美味科學》（*Neurogastronomy*）（原作者：Gordon M. Shepherd）。台北市：五南。

許軒、徐端儀（2018）。《觀光餐旅美學：旅行，是為了發現美》。台北市：五南。

教育部國語辭典簡編本（2021）。http://dict.concised.moe.
　　edu.tw/jbdic/index.html

國家教育研究院雙語詞彙、學術名詞暨辭書資訊網
　　（2021）。https://terms.naer.edu.tw/

國家圖書館出版品預行編目(CIP)資料

智慧服務首部曲：從探索餐旅體驗開始
/ 許軒著. -- 初版. -- 台北市：五南圖書
出版股份有限公司, 2021.10
　　面；　公分
ISBN 978-626-317-219-7(平裝)

1.人工智慧 2.顧客服務 3.餐旅業

489.2　　　　　　　　　110015446

1F2D

智慧服務首部曲：
從探索餐旅體驗開始

作　　者 ― 許軒

總 編 審 ― 洪久賢

責任編輯 ― 唐筠

文字校對 ― 許馨尹　黃志誠

封面設計 ― 俞筱華

發 行 人 ― 楊榮川

總 經 理 ― 楊士清

總 編 輯 ― 楊秀麗

副總編輯 ― 張毓芬

出 版 者 ― 五南圖書出版股份有限公司

地　　址：106台北市大安區和平東路2段339號4樓

電　　話：（02）27055066　　傳真（02）27066100

網　　址：https://www.wunan.com.tw/

電子郵件：wunan@wunan.com.tw

郵撥帳號：01068953

戶　　名：五南圖書出版股份有限公司

法律顧問：林勝安律師事務所　林勝安律師

出版日期　2021年10月初版一刷

定　　價　新台幣380元

經典永恆・名著常在

五十週年的獻禮 —— 經典名著文庫

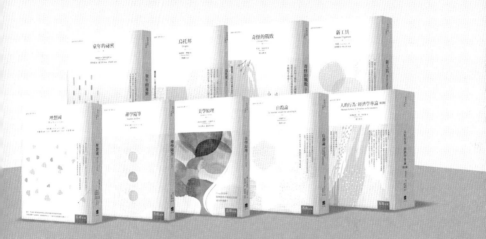

五南，五十年了，半個世紀，人生旅程的一大半，走過來了。

思索著，邁向百年的未來歷程，能為知識界、文化學術界作些什麼？

在速食文化的生態下，有什麼值得讓人雋永品味的？

歷代經典・當今名著，經過時間的洗禮，千錘百鍊，流傳至今，光芒耀人；

不僅使我們能領悟前人的智慧，同時也增深加廣我們思考的深度與視野。

我們決心投入巨資，有計畫的系統梳選，成立「經典名著文庫」，

希望收入古今中外思想性的、充滿睿智與獨見的經典、名著。

這是一項理想性的、永續性的巨大出版工程。

不在意讀者的眾寡，只考慮它的學術價值，力求完整展現先哲思想的軌跡；

為知識界開啟一片智慧之窗，營造一座百花綻放的世界文明公園，

任君遨遊、取菁吸蜜、嘉惠學子！